本书获得广西科学研究与技术开发计划项目经费支持

李维胜 苏瑞芳 王豪 林子谦 ◎ 著

推动规上工业企业研发机构大幅增加的对策研究

以广西为例

RESEARCH ON COUNTERMEASURES

TO PROMOTE A SUBSTANTIAL INCREASE IN
R&D INSTITUTIONS OF INDUSTRIAL
ENTERPRISES ABOVE DESIGNATED SIZE:
A Case Study of Guangxi

企业管理出版社
ENTERPRISE MANAGEMENT PUBLISHING HOUSE

图书在版编目（CIP）数据

推动规上工业企业研发机构大幅增加的对策研究：以广西为例 / 李维胜等著 . -- 北京：企业管理出版社，2025.5. -- ISBN 978-7-5164-3278-5

Ⅰ . G322.236.7

中国国家版本馆 CIP 数据核字第 2025SJ6458 号

书　　名：	推动规上工业企业研发机构大幅增加的对策研究：以广西为例
书　　号：	ISBN 978-7-5164-3278-5
作　　者：	李维胜　苏瑞芳　王　豪　林子谦
策划编辑：	侯春霞
责任编辑：	侯春霞
出版发行：	企业管理出版社
经　　销：	新华书店
地　　址：	北京市海淀区紫竹院南路 17 号　　邮编：100048
网　　址：	http://www.emph.cn　　电子信箱：pingyaohouchunxia@163.com
电　　话：	编辑部 18501123296　　发行部（010）68417763　68414644
印　　刷：	北京厚诚则铭印刷科技有限公司
版　　次：	2025 年 5 月第 1 版
印　　次：	2025 年 5 月第 1 次印刷
开　　本：	710mm×1000mm　　1/16
印　　张：	11.25
字　　数：	115 千字
定　　价：	78.00 元

版权所有　翻印必究·印装有误　负责调换

目 录

第一章 引言 ·· 1
- 第一节 研究背景 ································· 3
- 第二节 文献综述 ································· 6
- 第三节 关键术语和研究范围 ···················· 9

第二章 广西规上工业企业研发机构现状及发展瓶颈分析 ······ 19
- 第一节 广西规上工业企业研发机构概况 ············ 21
- 第二节 广西规上工业企业研发机构发展的特征 ······ 40
- 第三节 广西相关政策分析 ························ 43
- 第四节 广西规上工业企业研发机构发展的主要问题 ······ 47
- 第五节 广西规上工业企业研发机构的发展瓶颈 ·········· 53

第三章 广西规上工业企业研发机构数量增长的实证分析 ······ 57
- 第一节 实证分析目的 ···························· 59
- 第二节 数据来源与变量说明 ······················ 60

第三节　分析方法……………………………………………… 63

第四节　实证结果与分析……………………………………… 64

第四章　各省份推动规上工业企业研发机构大幅增加的经验借鉴………………………………………………………… 69

第一节　广东省经验借鉴……………………………………… 71

第二节　湖北省经验借鉴……………………………………… 83

第三节　重庆市经验借鉴……………………………………… 87

第四节　江苏省经验借鉴……………………………………… 94

第五节　福建省经验借鉴……………………………………… 100

第五章　推动广西规上工业企业研发机构大幅增加的总体思路……………………………………………………… 113

第一节　主要目标……………………………………………… 115

第二节　发展原则……………………………………………… 119

第三节　发展模式……………………………………………… 126

第六章　促进广西规上工业企业研发机构大幅增加的相关计划………………………………………………………… 135

第一节　实施研发机构覆盖计划……………………………… 137

第二节　实施产学研用合作覆盖计划………………………… 140

第三节　实施发明专利覆盖计划……………………………… 143

第四节　实施重点制造业覆盖计划 ………………………… 145

第五节　突出重点，实施分类推进计划 …………………… 148

第六节　实施研发人才引育计划 …………………………… 151

第七章　广西规上工业企业研发机构大幅增加的保障措施 …………………………………………………… 155

第一节　综合保障与协调推进措施 ………………………… 157

第二节　构建完善的实施保障体系 ………………………… 160

第三节　实施保障措施面临的挑战 ………………………… 163

第四节　新型研发机构提质增效的对策 …………………… 166

参考文献 …………………………………………………… 171

第一章
引　言

2023年3月，习近平总书记在参加十四届全国人大一次会议江苏代表团审议时指出："加快实现高水平科技自立自强，是推动高质量发展的必由之路。""我们能不能如期全面建成社会主义现代化强国，关键看科技自立自强。"2023年12月，习近平总书记在广西考察时指出，推动广西高质量发展，必须做好强产业的文章，加快构建现代化产业体系。要立足资源禀赋和产业基础，聚焦优势产业，集中优势资源，打造若干体现广西特色和优势、具有较大规模和较强带动力的支柱产业。要把科技创新摆到更加突出的位置，深化教育科技人才综合改革，加强科教创新和产业创新融合，加强关键核心技术攻关，加大技术改造和产品升级力度。充分利用沿海沿江的优势，大力发展海洋经济、临港产业。加快产业结构优化调整，推动产业体系绿色转型，发展壮大林业产业、文旅产业、养老产业、大健康产业，让生态优势不断转化为发展优势。

第一节　研究背景

当今中国社会对创新的需求已从"模仿创新"转向"自主创新"，并从创新管理升级为创新治理。在关键领域的核心前沿技术、行业共性技术研发以及上下游企业联合发展方面，社会对创新的要求也日趋严格。科技是国家强盛之基，创新是民族进步之魂。党的二十大报告中指出，要坚持创新在我国现代化建设全局中的核心地位，加快建设科技强国，深入实施创新驱动发展战略，加快实现高水平科技自立自强，加快实施一批具有战略性、全局性、前瞻性的国家重大科技项目，增强自主创新能力。在此背景之下，规上工业企业研发机构需要通过其全新的体制机制与研发模式推动经济与科技事业发展，并逐步成为建设创新型国家的重要力量。

科技创新作为核心动力，对推动地区经济高质量发展具有重要作用。实施科技创新战略是构建国家创新体系、增强区域经济活力的关键途径，能够破除传统研发组织的体制和机制限制，进一步整合并激活创新资源。规上工业企业研发机构在这一过程中发挥了重要作用，它们通过不断提升自身研发能力，推动创新要素在企业内部与外部之间高效流动，为技术突破提供了坚实基础。尤其在创新的开放化、数字化和平台化趋势下，创新资源加速跨行业、跨领域、跨区域流动，技术创新范式不断变革，各领域日益交融，新型研发组织和创新模式成为科技创新的催化剂和培育新增长点的载体。尽管我国已步入创新型国家行列，但在基础研究、产业创新融合、原创力和关键核心技术等方面仍存在短板，需要进一步加强，以构筑新的发展优势。

广西作为我国的一个工业基地，其制造业的发展一直备受关注。然而，与国内其他发达地区相比，广西在工业企业研发方面的投入和成果仍有待加强，这不仅限制了企业的技术创新能力，也制约了整个地区的产业升级和经济转型。因此，深入探讨如何推动广西规上工业企业研发机构的数量大幅增加，对于广西工业，特别是制造业领域的科技创新与转型升级具有重大意义。这不仅关乎企业自身的竞争力提升，更关乎地区经济的持续、健康发展。

一是规上工业企业发展在广西经济发展中具有重要的地位。 2021

年，广西规上工业增加值比上年增长8.6%，规上工业总产值超过2.2万亿元，工业投资比上年增长27.5%，工业对全区经济增长的贡献率超过25%。而广西全部工业增加值同比增长8.1%，这种差异表明，规上工业企业凭借其技术优势、规模效应和市场竞争力，对全区经济增长起到了显著的拉动作用。相比之下，规下工业企业的发展相对较慢，可能面临更多挑战，这也提示需要关注不同规模企业之间的协调发展问题，以实现工业经济的高质量增长。

二是研发创新是工业企业持续发展的必由之路。 在市场经济条件下，企业是参与市场竞争的主体，而日趋激烈的市场竞争和日益复杂的企业经营环境等使得工业企业只有不断进行研发创新，才能不断巩固和强化既有优势，不断创造新的竞争优势，从而立于不败之地。

三是推动规上工业企业研发机构大幅增加将极大地促进广西工业高质量发展和产业结构升级。 当前广西正处于转型升级、爬坡过坎的关键阶段，产业发展仍然是广西经济发展中的薄弱环节，工业发展不充分、创新动力不足成为主要的制约因素。广西工业经济规模偏小，传统资源型工业比重大，战略性新兴产业比重低，单位工业增加值能耗高于全国平均水平，研发和精深加工能力薄弱，高端产品和头部品牌少，工业产品竞争力不强。广西要优化产业、产品结构，推动产业由劳动密集型向资本密集型和技术密集型转变，由产品经营到品牌经营转变，由低技术含量、低附加值向高技术含量、高附加值转变，由粗放型向集约型转变，离不开工业企业特别是规上工业企业研发机构的大幅增加。

四是推动规上工业企业研发机构大幅增加是当前经济稳中求进的必然要求。 在当前广西一产增速创新高、三产相对低迷的背景下，要实现稳增长，工业发展是重中之重。广西传统产业占比较大，推动工业企业特别是规上工业企业研发机构大幅增加，有助于推动工业可持续发展，进而实现稳增长的目标。

本书旨在通过分析广西规上工业企业研发机构数量大幅增加的影响因素及其相互关系，为广西规上工业企业研发机构的管理评估、决策制定及发展路径规划提供理论依据。广西规上工业企业研发机构的发展不仅受到投入和产出的影响，也受到其多元主体特性、市场导向性及灵活机制等因素的影响。这些因素对广西规上工业企业研发机构发展的影响程度不一，且因素之间的相互作用强度也各有不同，需厘清各影响因素之间的复杂关系，以识别关键因素。此外，在梳理基础理论和政策文件的前提下，本书将研究广西规上工业企业研发机构的现状，提取并分析新型研发机构发展的影响因素。通过采用实证方法进行分析，丰富广西规上工业企业研发机构的相关理论，为进一步推动广西经济发展提供新的理论依据。

第二节　文献综述

在全球化背景下，技术创新已成为推动工业企业持续发展的核心动力。对此，国内外学者进行了广泛研究，主要探讨企业研发机构的数量和质量，以及其对企业自主创新能力和区域科技创新能力的影响。企业若要成为技术创新的主体，必须拥有自己的研发机构。企业研发机构的数量和质量不仅反映了其自主创新能力和核心竞争力，还在很大程度上体现了区域的科技创新水平，并决定了区域未来的经济活力和发展潜力。目前，相关研究主要围绕影响因素分析、评价指标体系构建、评价方法三个方面展开。

一、影响因素分析

学者们广泛探讨了 R&D 经费筹集来源、R&D 投入与工业企业创新，以及政府 R&D 补贴与技术创新之间的关系。熊曦等（2019）的研究表明，不同阶段的企业采取不同的 R&D 经费筹集手段会产生不同的影响。杨琦（2020）对甘肃省的政府 R&D 补贴与技术创新的关系进行了研究，结果显示，增加研发资源对工业企业的创新能力有显著的积极影响。同时，政府 R&D 补贴对技术创新和工业升级存在双重门槛效应。Dodgson 等（2006）认为，组织架构、氛围、环境和文化等是影响企业 R&D 效率的主要因素。Gayle（2001）的研究发现，企业的规模和市场份额对其创新能力具有正向影响。Mol（2005）指出，外部技术创新资源对企业的研发强度有积极作用。Tsang 等（2008）发现外资企业的研发效率高于本土企业。Yoon（2006）的研究表明，R&D 经费和项目投入的增加可以促进企业绩效提升。Walwyn（2007）认为，政府支持力度是影响企业 R&D 效率的重要因素。Hashimoto 等（2008）指出，企业的组织和政策环境对 R&D 效率具有重要影响。Wu 等（2007）发现，内部激励机制、创新成果保护以及政府支持与企业研发成果和绩效呈正相关。Schwab 等（2021）发现，增加 R&D 经费有助于提高企业的专利产出。Choi 等（2015）和 Beck 等（2016）指出，政府的财政和税收政策影响企业的科技创新活动，而产学研合作机制则有助于提升企业的科技创新水平。Salimi 等（2018）发现，随着企业 R&D 投入的增加，地区经济得以快速发展，经济效益显著提升。

二、评价指标体系构建

学者们从投入和产出的角度构建了评价指标体系，并对工业企业进行了实证研究。刘彬斌（2016）、李荣平等（2017）、刘用等（2020）分别以江苏省、区域工业企业、山东省为例，采用不同的方法和评价指标体系进行了实证研究。Graves（1998）分别以 R&D 支出和专利产出数作为投入和产出指标研究 R&D 效率。于明洁等（2012）从投入角度选取人力与资金指标，从产出角度选取学术论文和专利申请数指标进行实证分析。Zou 等（2015）基于不同产业和科技研发的视角构建了评价 R&D 效率的指标体系，发现各地区存在明显的差异性。Cao 等（2015）从经济、社会、科技环境与资源等角度出发，构建了评价工业企业发展水平的指标体系，发现科技环境是影响工业企业发展水平的主要因素。

三、评价方法

评价方法包括参数分析法和非参数分析法。其中，参数分析法主要包括多元回归、随机前沿分析（SFA）、因子分析等方法；非参数分析法主要包括数据包络分析法（DEA）和全要素生产率（Malmquist）分析法。Ramanathan 等（2006）通过 DEA-Malmquist 模型对中东及北美等地区国家的创新效率进行了研究,发现北美各国的创新效率普遍较高。Hagedoorn等(2012)通过DEA模型对日本的研究开发与企业发展进行了研究。Chun(2015)以韩国企业为研究对象,通过DEA-Tobit模型发现R&D活动有力地推动了企业绩效的提升。Ray等(2001)以印度医药行业为研究对象,通过生产函数法发现企业规模的扩大以及创新环境的优化有利于企业R&D效率的提升。

针对广西工业企业的研究较少,例如,唐澍等(2022)和唐青青等(2021)分别对广西规上工业企业的研发投入状况、问题与对策以及新型研发机构创新发展的情况进行了研究。虽然已有研究从问题、意义、对策等角度对规上工业企业增加研发机构数量问题进行了探讨,但很少有研究从关联性实证的角度进行分析。

第三节 关键术语和研究范围

在深入分析广西规上工业企业研发机构增加这一问题之前,首先需要明确本研究中的关键术语和研究范围。为此,本节将详细阐述研发机构的定义,进一步解读影响创新效能的核心指标,并结合实际情况探讨相关影响因素。

一、研发机构的定义

企业研发机构,不论是在企业内部独立运营还是与外部单位合作,在管理上都需要保持相对独立性。这些机构专注于研发活动,包括技术中心、研究机构、开发中心、中试车间等各种研发部门。它们具备"六有"条件,即有场地、有人员、有设备、有持续的投入、有研发项目以及有完善的制度。为了更好地推进规上工业企业研发机构的建设,需要建立一套协同联动的工作机制。此机制由各级经信部门主导,经信部门联合科技、统计、发改、财政、人社、国资等部门,共同定期研究并推进此项工作。经信部门需与科技和统计部门每年至少进行一次全面调研,对已建研发机构的规上工业企业进行登记并更新档案,对尚未建立的则建立台账并持续提供服务。

对于符合省级研发机构认定条件的,各相关政府部门如经信厅、科技厅、发改委、人社厅等,应迅速并公正地进行认定。各市州政府和部门也应开展相应的认定工作。对于其他满足"六有"条件的研发机构,各级经信部门负责备案登记。统计部门还需加强针对规上工业企业研发机构的统计工作培训,确保这些企业能够依法规范地上报数据,做到应统尽统,不遗不漏。

新型研发机构,作为科技创新的前沿阵地,以科技创新需求为导向,致力于科学研究、技术创新和研发服务活动。与传统研发机构相比,新型研发机构在各个方面展现出更大的灵活性和市场化的特点。它们更注重开放式创新和协同创新,寻求与外部创新资源的深度合作与交流,从而不断提升自身的研发能力和创新能力。

新型研发机构不仅是科技创新的重要推动力,更是国家和地方经济发展的新引擎。通过与各类创新主体的深度合作与交流,它们不断突破技术瓶颈,为产业的升级和转型提供强大的技术支撑。传统研发机构和新型研发机构对比如表 1-1 所示。

表 1-1 传统研发机构和新型研发机构对比

项目	传统研发机构	新型研发机构
投资主体	往往只有一个投资主体。包括主要由政府创办的事业单位，如国家设立的研究院所、高校内设机构，以及民间资本创办的民办非企业研发机构	投资主体多元化，往往由多个主体（包括政府、企业、非政府组织等）共同投资创办
功能	主要承担研究开发职能，解决国家重大需求，解决国际科学技术前沿问题，一般不承担其他职能，只有科研的压力，没有经营的压力	功能多元化，不只是进行科研，还以科研为核心延伸至技术孵化、科技成果转化与产业化、技术投资、产业投资等。以产业需求、市场需求为源头，以应用类科研技术为主要手段，通过市场来验证和衡量技术的市场和商业价值
组织机构	科研组织比较严密，科研任务根据分工和专业技术能力由内部科研人员承担，一般不对外开放，内部人才流动与晋升相对僵化，激励机制受限	组织机制灵活，往往采用开放式创新模式，以吸纳外部优秀的创意，并以各种比较灵活的方式（用人机制、激励机制、培养机制）吸纳外部优秀人才加盟
经营机制	传统研发机构的经营是一个综合性的过程，涉及科研任务的承接与执行、科研资源的配置与管理、科研成果的产出与转化、产学研合作与交流、机构治理与运行等多个方面。这些工作相互关联、相互促进，共同推动传统研发机构的持续发展和创新能力的提升	经营机制市场化，以市场需求设人设岗，设定研发方向与需求，服务于产业的发展要求，拥有灵活的激励机制

二、关键指标解释

在探索研发机构效能与影响力的有效衡量途径时，需深入剖析一系列核心指标，这些指标共同构成了评估研发活动成功与否的综合性指标框架。具体而言，研发投入作为创新活动的基础，涵盖了资金、时间及设备等资源的投入；人才质量则聚焦于研究人员的教育背景、工作经验及创新能力，是推动研究进步的核心要素；而创新产出，如专利数量、论文发表及技术转让等，则直观反映了研发成果的市场与社会影响力。这些指标不仅揭示了研发机构当前的绩效水平，更为其长远的战略规划和资源配置提供了有力的数据支撑。接下来，本书将深入探讨这些指标之间的相互作用及其对研发机构竞争力和行业地位的塑造作用。

研发投入。①资金投入。资金是推动研发活动持续开展的主要动力。在评估研发机构的资金投入时，应考虑总体预算、资金增长率以及资金分配。资金分配包括对基础研究、应用研究和开发活动的不同比例投入，这反映了研发机构的研发战略和重点领域。例如，对基础研究的高投入可能意味着研发机构更倾向于长期和探索性的研究。②时间投入。时间管理在研发活动中同样重要，包括项目的时间规划、进度管理和效率把控。项目是否按时完成，以及在固定时间内能够产出多少高质量的研究成果，都是衡量研发效能的重要指标。

人才质量。①学术背景和专业技能。研究人员的教育背景、专业技能和经验是影响研发成功与否的关键因素。评估标准包括团队成员的学历水平、所获奖项以及在其专业领域的知识和技能。②研发团队的多样性。团队成员具有多样性，如学科背景、文化和性别具有多样性，能够促进创新思维和方法的交流。一个多元化的团队更可能在解决复杂问题时提出创新的解决方案。③人员流动率。对人才的吸引力和保留能力反映了研发机构的竞争力。高人员流动率可能表明工作环境或研发方向存在问题，而低人员流动率则可能表明研发机构对人才具有较强的吸引力和保留能力。

创新产出。①论文和专利。发表论文的数量和质量，以及申请和授权专利的数量，是衡量研发产出的直接指标。高质量的论文和专利不仅展示了研发活动的成果，还能提升研发机构的学术和行业声誉。②技术成果。技术成果包括开发的新技术、新产品或服务，是衡量研发成效的另一重要指标。这些成果的市场应用和社会影响力是评估其价值的关键。③影响因子和引用率。研究成果的影响因子和引用率反映了其在学术界的影响力和认可度。高引用率通常意味着研究成果在学术领域或行业中具有较高的影响力和创新性。

R&D（Research and Experimental Development，研究与试验发展，简称研发）。目前，全球各国的 R&D 统计工作主要遵循经济合作与发展组织（OECD）制定的《弗拉斯卡蒂手册》。中国国家统计局结合该手册的标准和我国实际，于 2019 年 4 月发布了《研究与试验发展（R&D）投入统计规范（试行）》（以下简称《规范》），用于指导和规范我国的 R&D 统计工作。根据《规范》的定义，R&D 是指以创新性和系统性工作为手段，旨在增加知识储备并探索知识的新应用的过程。R&D 活动涵盖了基础研究、应用研究和试验开发三个主要部分。我国的

R&D 活动广泛分布于工业、建筑、交通运输、仓储和邮政、信息软件与信息服务、技术服务、教育、卫生、文化娱乐体育等多个领域，主要由企业、科研机构以及高等学校等主体参与。

R&D 经费。它代表的是在报告期内为执行 R&D 活动而实际产生的所有经费支出。按照使用者来划分，R&D 经费可以分为内部支出和外部支出。内部支出代表的是在报告期间调查单位为执行 R&D 活动而实际产生的所有经费，而外部支出是指在报告期间调查单位委托其他单位或与其他单位共同执行 R&D 活动而转拨给其他单位的全部经费。全社会的 R&D 经费为调查单位 R&D 经费的内部支出合计。

R&D 经费投入强度。全国 R&D 经费投入强度是指全社会 R&D 经费投入总量与国内生产总值之比；地区 R&D 经费投入强度是指地区 R&D 经费投入与地区生产总值之比；企业 R&D 经费投入强度是指企业 R&D 经费投入与企业营业收入之比。

R&D 经费指标的调查方式。R&D 经费指标的调查方式包括全面调查、抽样调查和重点调查等。其中，规上工业企业，特级、一级建筑业企业，以及规上服务业企业、政府所属的相关研究机构、高校都采取全面调查方式；规下工业企业采取抽样调查方式；非规模企业和事业单位则采取重点调查方式。

三、研发产业发展的影响因素探讨

在全球经济一体化的背景下，科技资源的全球流动速度加快，研发资源不断集中和积累。当这些资源达到一定规模时，就能够支撑起规模化、高效的研发市场，进而推动整个研发产业的逐步形成。

跨国公司作为全球化的推动者，正在全球范围内寻找最佳的研发资源配置区，以实现科技资源的优化整合。这种整合过程促进了科技资源的相互融通和技术知识的广泛联系，进一步推动了全球研发产业在地域空间上的集群发展。同时，各国根据本土化的研发战略、工业能力以及产业创新的实际需求，也在不断加速推动研发产业和技术企业的发展。

研发产业发展的影响因素如图 1-1 所示。

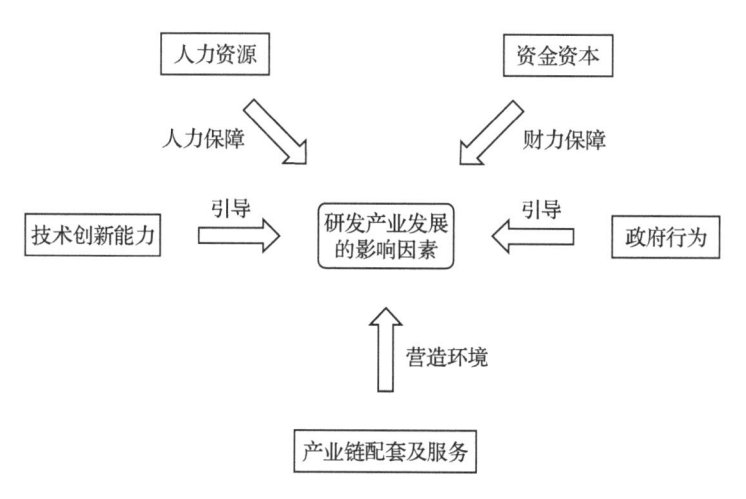

图 1-1 研发产业发展的影响因素

地区科研资源集聚能力是研发产业核心竞争力的关键构成要素，涉及资金投入、人力资本储备、信息通信技术、科技政策与服务管理等多个维度。这种能力受到区域经济发展水平和辐射能级的深刻影响，从而塑造研发机构的吸引力和竞争力。资金投入是科研活动的基石，决定研发的规模和持续性，同时影响风险承担能力和探索深度。人力资本储备则是地区吸引和保留高素质科研人才的关键，对科技创新和技术进步至关重要。信息通信技术的发展为科研工作提供效率支撑，而科技政策与服务管理则为科研活动提供制度保障。此外，科研资源集聚还与基础设施、产业融合、地理布局和城市配置等因素紧密相连，它们共同营造有利于科研活动开展的生态环境。这种集聚能力不仅赋予地区先发竞争优势，还催生空间集聚效应和产业效能，吸引更多投资与人才，形成强大的创新网络，推动科技与其他产业的深度融合。因此，科研资源集聚能力是驱动研发产业演化和产业互动的关键因素，对地区乃至国家具有深远影响。

消费市场的规模与多样性对研发产业集聚具有关键性影响，庞大的多元市场能有效吸引国内外研发资本。这种市场环境不仅为研发活动提供广泛需求和机会，成为产业集聚的主要动力，还吸引研发企业汇聚，形成良性互动与发展。市场需求引导研发方向，提供创新动力，并为技术应用拓展空间。此外，市场中的信息获取、知识外溢和共享对研发产业资源的合理配置至关重要，信息的流通和共享能够提升研发的针对性和效率。地理位置邻近可以加强信息交流，降低信息成本，加速成果转化，提高研发效率。在产业结构调整和社会转型的关键时期，政府的政策制定和制度推动对产业集聚和研发产业发展起决定性作用，其支持措施如资金投入、政策优惠、土地供应及配套设施建设，对加速产业提升和规模增长具有关键影响。

研发产业是一个高度依赖各个生产性要素的产业，其对这些要素的质量和可用性有着极高的要求。这种要求决定了研发产业的空间布局具有显著的多样性和复杂性。不同类型的研发企业在空间区位的选择上有着不同的偏好和需求，这主要取决于它们的业务特性和发展战略。那些依赖于密集资金流和信息交换的研发企业，如商贸金融、战略咨询、证券财经等企业，通常倾向于集聚在城市的核心功能区和中心商务区。这些区域通常拥有发达的基础设施、便捷的交通网络、丰富的商业服务以及高度集中的市场信息资源，为开展以资金和信息流动为核心的研发业务提供了理想的环境。

第二章

广西规上工业企业研发机构现状及发展瓶颈分析

第一节　广西规上工业企业研发机构概况

为了全面了解广西规上工业企业研发机构的整体状况，本节将从广西规上工业企业研发机构的定义和分类、广西规上工业企业的发展历程、广西规上工业企业研发机构建设的基本情况等方面展开探讨。通过明确广西规上工业企业研发机构的概念和类别，厘清研究对象的范围和特征；通过回顾广西规上工业企业的发展历程，总结不同阶段的发展特点和取得的成就；通过分析当前广西规上工业企业研发机构建设的基本情况，了解其发展成果和存在问题。对以上内容的深入分析，将为后续章节提出有针对性的对策和建议奠定坚实的基础。

一、广西规上工业企业研发机构的定义和分类

本研究首先对广西规上工业企业研发机构进行了定义。广西规上工业企业研发机构是指在年主营业务收入2000万元及以上的广西工业企业中，专注于研究和开发活动的组织单元。这些机构以技术创新和产品开发为核心职能，对推动地区的经济发展和产业升级具有重要意义。

对于这些研发机构，可依其性质、功能和组织形式进行分类。按性质分，可分为企业自建研发机构和与外部单位共建的研发机构。前者如技术中心和工程中心，由企业自主投资和管理，以技术创新和产

品开发为目标；后者如重点实验室和院士工作站，通常与高校或科研机构合作建设，研究范畴涵盖基础研究和应用研究。按功能分，可分为基础研究、应用研究和产品开发三类研发机构。此外，这些研发机构的名称和组织形式多样，包括技术中心、工程中心、创新中心、设计中心、重点实验室、院士工作站和研究院等。尽管名称各异，但其核心职能均为技术创新和产品开发。这一分类方法为后续研究提供了清晰的概念框架，便于进一步分析这些研发机构在技术创新和产业升级中的角色和贡献。

本研究旨在建立对这些研发机构的系统性认识，包括其投入水平及对技术创新和市场竞争力的促进作用。本研究还关注如何通过政策支持和管理手段进一步激发这些研发机构的潜力，以期为广西乃至全国的经济和技术发展提供参考。

二、广西规上工业企业的发展历程

在改革开放初期，广西的工业基础较为薄弱，工业企业多以小规模的国有企业和乡镇企业为主。这个时期的工业发展主要依赖传统资源型产业，如冶金、化工、建筑材料、食品加工等，依靠丰富的自然资源（如有色金属、糖、木材、石油等）来支撑地方经济。广西在这一阶段逐步实行改革开放政策，重点是引进外资、开放沿海城市、发展乡镇企业，鼓励轻工业和劳动密集型产业发展。这一阶段，虽然广西工业基础较弱，但通过政策引导和市场化改革，一些地方性企业逐步发展成为一定规模的工业企业，形成初步的工业集群。

进入 21 世纪后，广西规上工业企业进入了快速发展阶段。受国家和地方政策推动，工业企业开始向规模化、集约化方向发展，重点产业逐渐从传统资源型产业向新兴产业、加工业转移。广西积极推动传统产业改造升级，尤其是加快冶金、有色金属、糖业等传统优势产业的技术改造。与此同时，引导发展新兴产业，如电子信息、装备制造等。广西出台了一系列政策支持规上工业企业的发展，包括地方财政补贴、税收优惠等措施，以提高企业的竞争力和技术水平。广西充分利用区位优势和政策优势（如中国—东盟博览会的举办），大力吸引国内外投资，推动工业企业参与国际分工和合作。

在 2010 年到 2020 年期间，广西规上工业企业实现了规模和效益的同步提升。这一阶段，广西积极推动工业企业向规模化、集约化、智能化方向发展，规上工业企业数量和质量大幅提升。2010 年，广西规上工业企业数量约为 4000 家，到 2020 年已超过 6000 家，显示出较强的发展势头。广西重点推动制造业转型升级，通过推进工业自动化、信息化、智能化改造，提升产业链水平。同时，支持工业企业创新，推动传统优势产业与新兴产业深度融合，如新材料、绿色化工、智能制造等。广西推进区域协调发展，形成南宁、柳州、桂林、北海等多个工业基地和产业园区，推动形成"南柳桂"的工业发展格局，以增强区域经济的辐射带动作用。

近年来，广西围绕高质量发展目标，不断优化规上工业企业的发展环境，鼓励创新驱动，推进产业结构调整和绿色转型。广西出台了多项政策支持企业研发投入和创新能力建设，推动制造业创新中心、企业技术中心和研发机构的建设，提高企业技术创新水平。广西规上工业企业在节能降耗、绿色生产方面取得进展。许多企业开始注重环境保护和资源节约，推进绿色制造和循环经济。广西加快推进关键产业链、供应链提升工程，围绕汽车、电子信息、机械装备、新材料等优势产业和新兴产业，打造产业链生态圈，增强规上工业企业的抗风险能力和竞争力。广西省级和地方政府不断优化营商环境，通过出台专项扶持政策、提供财政补贴、优化审批服务等措施，支持规上工业企业健康发展。

三、广西规上工业企业研发机构建设的基本情况

1. 广西规上工业企业研发机构的投入情况

在研发经费方面，全社会R&D经费投入能够体现一个地方的科技发展水平与能力。近年来，广西全社会R&D经费投入持续增加，2022年，全区全社会R&D经费投入首次突破200亿元，从2015年的105.9亿元增加到2022年的217.9亿元，2022年同比增长达9.2%，增速高于同期GDP，也高于同期财政收入。2022年全区全社会R&D经费投入强度为0.83%，比上年提高0.02个百分点。具体情况如表2-1所示。

在研发投入主体方面，企业既是经费投向主体，也是经费投入主体，且主体地位不断凸显。2015—2020年，全区大中型工业企业（通常，大中型工业企业是规上工业企业的重要组成部分）的R&D经费支出占全区全社会R&D经费支出的比重从73.55%增加为74.93%，到2021年增加到78.55%（见表2-2）。2022年，各类企业R&D经费支出为171.8亿元，相比上年增长9.6%，企业、政府所属研究机构、高

表 2-1　2015—2022 年广西和全国 R&D 经费投入情况

年份	广西 GDP 总量/亿元	广西 R&D 经费投入/亿元	广西 R&D 经费投入强度/%	全国 GDP 总量/亿元	全国 R&D 经费投入/亿元	全国 R&D 经费投入强度/%
2015	14797.8	105.9	0.72	688858.2	14220.0	2.06
2016	16116.6	117.7	0.73	746395.1	15676.7	2.10
2017	17790.7	142.2	0.80	832035.9	17606.1	2.12
2018	19627.8	144.9	0.74	919281.1	19677.9	2.14
2019	21237.1	167.1	0.79	986515.2	21737.0	2.20
2020	22156.7	173.2	0.78	1015986.2	24393.1	2.40
2021	24740.9	199.5	0.81	1143670.0	27956.3	2.44
2022	26300.9	217.9	0.83	1210207.0	30782.9	2.54

数据来源：广西壮族自治区科学技术厅。

等学校的 R&D 经费支出所占比重分别为 78.8%、7.7% 和 10.5%。企业 R&D 经费支出占比连续五年提高，成为全区研发投入增长的第一动力，进一步强化企业在研发创新发展中的主体地位。

表 2-2　2015—2022 年广西大中型工业企业 R&D 经费支出情况

年份	广西 R&D 经费支出 / 万元	广西大中型工业企业 R&D 经费支出 / 万元	广西大中型工业企业 R&D 经费支出占比 /%
2015	1059124	779009	73.55
2016	1177487	868254	73.74
2017	1421787	987135	69.43
2018	1448530	1000516	69.07
2019	1671326	1190749	71.25
2020	1732304	1298101	74.93
2021	1995023	1567076	78.55
2022	2179354	1505736	69.09

数据来源：广西壮族自治区科学技术厅。

表 2-3 所示为 2022 年广西不同规模企业的 R&D 经费内部支出情况。2022 年，在广西所有规模的企业中，大型企业的 R&D 经费内部支出最多，达到了 709496.2 万元，占比达到 47.12%，几乎占据了一半。这反映了大型企业对于研发投入的重视程度，以及其在关键技术和创新能力提升上所做的努力。中、小型企业的 R&D 经费内部支出相近，分别为 389246.6 万元和 397388.8 万元，占比分别为 25.85% 和 26.39%。相比以上三类企业，微型企业的研发投入显然不足，R&D 经费内部支出只有 9604.0 万元，占比为 0.64%。这可能是由于微型企业的资金、人力等资源相对有限，无法投入更多的研发经费。

表 2-3 2022 年广西不同规模企业的 R&D 经费内部支出情况

企业规模	R&D 经费内部支出合计 / 万元	占比 /%
大型	709496.2	47.12
中型	389246.6	25.85
小型	397388.8	26.39
微型	9604.0	0.64

数据来源：广西壮族自治区科学技术厅。

不同年份广西地区的 R&D 人员全时当量以及规上工业企业 R&D 人员全时当量和所占比例都呈现出稳定增长的趋势（见表 2-4）。具体来看，从 2015 年到 2022 年，广西 R&D 人员全时当量从 38535 人年增加到 70398 人年，呈现出显著的增长势头，这反映出该区域在研发投入和人才引进方面的积极姿态。在广西规上工业企业中，R&D 人员全时当量呈现出增长趋势，从 2015 年的 16884 人年增加到 2022 年的 66928 人年，几乎增长了 3 倍。这表明，在过去几年中，广西规上工业企业在吸引和培养研发人员方面取得了显著成效。值得关注的是，广西规上工业企业 R&D 人员全时当量占比从 2015 年的 43.81% 增加到了 2022 年的 95.07%。这一跳跃性增长不仅凸显了广西规上工业企业研发人员在整体研发人力资源中的重要性，也可能暗示其他非规上工业企业在研发人员投入方面有所减少。

表 2-4 2015—2022 年广西 R&D 人员全时当量与规上工业企业 R&D 人员全时当量情况

年份	广西 R&D 人员全时当量 / 人年	广西规上工业企业 R&D 人员全时当量 / 人年	广西规上工业企业 R&D 人员全时当量占比 /%
2015	38535	16884	43.81
2016	39903	19402	48.62

续表

年份	广西 R&D 人员全时当量/人年	广西规上工业企业 R&D 人员全时当量/人年	广西规上工业企业 R&D 人员全时当量占比/%
2017	36857	16163	43.85
2018	39961	17228	43.11
2019	47420	22102	46.61
2020	45821	20407	44.54
2021	55821	28508	51.07
2022	70398	66928	95.07

数据来源：广西壮族自治区科学技术厅。

如表 2-5 所示，广西技术吸纳合同交易额从 2015 年的 57.66 亿元增加到 2021 年的 1254.00 亿元，在技术吸纳方面的投入逐年增加，特别是 2020 年和 2021 年的增长尤为显著。技术开发合同额从 2015 年的 15.02 亿元增加至 2021 年的 260.30 亿元，技术服务合同额也从 2015 年的 33.53 亿元增加至 2021 年的 926.12 亿元，显示出广西地区在推动技术创新和自主研发方面投入了大量资源。随着技术吸纳方面投入的持续增长，广西地区的技术转化能力有望得到进一步增强。

表 2-5　2015—2021 年广西技术吸纳合同交易情况

年份	技术吸纳合同交易额/亿元	技术开发合同额/亿元	占比/%	技术服务合同额/亿元	占比/%
2015	57.66	15.02	26.05	33.53	58.15
2016	68.77	33.38	48.54	29.60	43.04
2017	78.30	21.38	27.31	39.52	50.47
2018	192.21	78.22	40.70	101.03	52.56
2019	316.72	80.82	25.52	222.26	70.18
2020	473.40	88.31	18.65	369.63	78.08
2021	1254.00	260.30	20.76	926.12	73.85

数据来源：广西壮族自治区科学技术厅。

表2-6为2000—2022年广西大中型工业企业技术改造和技术获取经费支出情况。2000—2022年，广西大中型工业企业的技术改造经费支出尽管存在波动，但整体显示出增长趋势。这反映了企业在技术改造上的资金投入在增加，特别是2020年，投入达到峰值。同期内引进境外技术的经费支出总体未显著上升，且2022年降至最低，暗示对外部技术的依赖减少。此外，2010年之后，引进技术的消化吸收经费支出降低，2022年更是降至零，显示企业在技术内部化方面的投入不足，可能反映出技术引进和消化策略的调整。购买境内技术的经费支出直到2021年基本上一直在增长，表明企业倾向于通过购买境内技术实现创新。但2022年显著降低至1万元，反映企业技术获取策略可能出现重大调整。总之，广西大中型工业企业的技术改造经费支出增长显著，显示出技术改造在技术发展中的重要地位。

表2-6 2000—2022年广西大中型工业企业技术改造和技术获取经费支出情况

单位：万元

年份	技术改造经费支出	引进境外技术经费支出	引进技术的消化吸收经费支出	购买境内技术经费支出
2000	126898	27910	754	6657
2010	1374075	8137	5988	12092
2015	915924	5697	2621	11610
2019	1748773	6729	401	19973
2020	1792211	7148	—	20871
2021	718808	2989	5961	150748
2022	1156414	584	0	1

数据来源：广西壮族自治区科学技术厅。

2. 广西规上工业企业研发机构的产出情况

2022年，广西加强产业核心技术攻关，聚焦解决科技创新难题，通过整合高校、科研机构与企业资源，取得了显著成果。实施科技项目219项，技术突破74项，现代种业创新培育新品种333个，包括水稻、玉米等。重点成就有玉柴非道路农机动力总成、上汽通用五菱EPS控制器、柳钢帘线钢丝、北港新材料BA板新品及柳工第二代电动装载机，提升了产业技术水平。

同时，推进科技成果转化，通过科技成果收益权改革试点及完善评价机制，设立技术转移示范机构15家、科技成果转化基地13家及孵化器7家，启动科技成果转化平台，促进科技成果发布与需求对接，加速产业创新发展。

广西规上工业企业在科技成果创造与转化方面占据了显著的地位，并展现出持续增长的趋势。从2015年至2021年，这类企业完成的自治区级研究成果的登记数从319件增至3532件，其在全区的占比也从22.77%增至50.36%（见表2-7），明显超过了研究机构和高等院校。进入2022年，广西在科技成果转化方面继续保持良好态势。截至2022年11月，广西科技成果转化项目累计达到913项，产生了308亿元的经济效益，为当地经济发展注入了强劲动力。

表2-7 2015—2021年广西规上工业企业的科技成果登记情况

年份	广西合计/件	广西规上工业企业/件	占比/%
2015	1401	319	22.77
2016	3364	826	24.55
2017	4109	1210	29.45

续表

年份	广西合计/件	广西规上工业企业/件	占比/%
2018	2469	680	27.54
2019	3491	1000	28.65
2020	6171	3018	48.91
2021	7014	3532	50.36

数据来源：广西壮族自治区科学技术厅。

在企业研发专利申请方面，2015—2020年广西专利授权量大幅提高，从2015年的13571件增加到2020年的34463件，增长1.54倍，2021年，全区有效发明专利达到了28644件，同比增长13.83%。广西工业企业的发明专利申请量占比较为稳定，连年稳定在30%左右。从数据来看，广西全区大约超过80%的规上工业企业申请发明专利，但接近一半的高技术企业的发明专利拥有量几乎为零。

表2-8为2000—2022年广西大中型工业企业科技活动产出情况。2000—2022年，广西大中型工业企业专利申请数、发明专利数和拥有的有效发明专利数都显著增长，显示出广西大中型工业企业的科技活动产出在逐年提高，科技创新能力不断提升。广西大中型工业企业的发明专利数从2000年的20件增加到2022年的4615件，增幅巨大。同样，拥有的有效发明专利数从2000年的78件增加到2022年的12721件。这显示了广西大中型工业企业在发明创造和技术保护方面的积极态度。

3. 广西规上工业企业研发机构的主要活动领域

从活动类型划分来看，2022年广西全区在各项科技研发活动上的经费投入呈现全面增长态势。具体而言，基础研究经费达到17.1亿元

表 2-8　2000—2022 年广西大中型工业企业科技活动产出情况

单位：件

年份	专利申请数	发明专利数	拥有的有效发明专利数
2000	162	20	78
2010	1591	488	950
2015	4613	2005	3731
2019	6373	2634	8176
2020	7546	2803	8667
2021	11641	4878	14995
2022	11637	4615	12721

数据来源：广西壮族自治区科学技术厅。

（同比增长 9.7%），应用研究经费为 22.4 亿元（同比增长 12.6%），试验发展经费则达到 178.4 亿元（同比增长 8.8%），均实现了较快的增长。从经费分配比重来看，基础研究经费、应用研究经费、试验发展经费分别占据了 7.9%、10.3% 和 81.9% 的比重。相较于上一年度，基础研究经费和应用研究经费的比重均有所上升，说明广西在科技创新领域对基础研究和应用研究的重视程度在逐渐提高。

表 2-9 为 2000—2022 年广西大中型工业企业研究活动支出情况。2000—2022 年，广西大中型工业企业在基础研究、应用研究和试验发展方面的支出显著上升，反映了这些企业对科研活动的日益重视。其中，试验发展支出占比最高，这与其在推动产品创新和质量提升中的核心作用密切相关。从 2015 年起，基础研究支出开始显著增长，尤其是在 2021 年，其增长迅猛，表明广西大中型工业企业开始更加重视对基础研究的投资。虽然应用研究支出整体呈增长态势，但其增速慢于基础研究支出和试验发展支出。近年来，基础研究支出和应用研究支

出大幅增加，而试验发展支出增速略有放缓，显示出广西大中型工业企业正在提高对基础研究和应用研究的重视程度。

表2-9 2000—2022年广西大中型工业企业研究活动支出情况

单位：万元

年份	基础研究支出	应用研究支出	试验发展支出
2000	171	5601	50462
2010	167	9083	429420
2015	386	22162	746643
2019	409	11980	1032353
2020	572	7037	1125723
2021	3561	24611	1342067
2022	744	30672	1474320

数据来源：广西壮族自治区科学技术厅。

从产业部门的角度来看，2022年广西高技术制造业的R&D经费达到18.1亿元，比上年增长40.4%，投入强度首次达到1.00%，比上年提高0.19个百分点。在广西规上工业企业中，R&D经费投入超过5亿元的行业有10个，比上年增加2个，这10个行业的R&D经费占全部规上工业企业R&D经费的81.8%。2022年广西分行业工业企业R&D经费投入情况如表2-10所示。

表2-10 2022年广西分行业工业企业R&D经费投入情况

行业	R&D经费/亿元	R&D经费投入强度/%
总计	150.57	0.65
采矿业	1.04	0.24
有色金属矿采选业	0.67	0.49
非金属矿采选业	0.36	0.16

续表

行业	R&D 经费/亿元	R&D 经费投入强度/%
制造业	145.99	0.71
农副食品加工业	8.31	0.36
食品制造业	1.22	0.42
酒、饮料和精制茶制造业	1.43	0.59
烟草制品业	0.62	0.20
纺织业	0.64	0.42
纺织服装、服饰业	0.14	0.29
皮革、毛皮、羽毛及其制品和制鞋业	0.25	0.38
木材加工和木、竹、藤、棕、草制品业	4.39	0.24
家具制造业	0.19	0.54
造纸和纸制品业	1.49	0.28
印刷和记录媒介复制业	0.21	0.52
文教、工美、体育和娱乐用品制造业	0.25	0.18
石油、煤炭及其他燃料加工业	2.62	0.21
化学原料和化学制品制造业	5.76	0.66
医药制造业	3.10	1.58
橡胶和塑料制品业	1.26	0.82
非金属矿物制品业	10.27	0.68
黑色金属冶炼和压延加工业	20.39	0.60
有色金属冶炼和压延加工业	10.69	0.42
金属制品业	2.83	1.01
通用设备制造业	5.14	2.83
专用设备制造业	8.17	2.31
汽车制造业	36.26	2.60

续表

行业	R&D 经费/亿元	R&D 经费投入强度/%
铁路、船舶、航空航天和其他运输设备制造业	0.95	0.76
电气机械和器材制造业	5.71	1.13
计算机、通信和其他电子设备制造业	12.50	0.85
仪器仪表制造业	0.40	2.95
其他制造业	0.11	1.04
废弃资源综合利用业	0.51	0.12
金属制品、机械和设备修理业	0.22	1.14
电力、热力、燃气及水生产和供应业	3.54	0.16
电力、热力生产和供应业	3.36	0.17
水的生产和供应业	0.18	0.26

数据来源：广西壮族自治区科学技术厅。

4. 广西规上工业企业研发机构的总体数量

近年来，随着广西规上工业企业数量的稳步增长，广西规上工业企业研发机构日益增多。2021年，全区新增规上工业企业1282家，整体已经突破8000家，新增规上工业企业中有R&D活动的企业有857家，增长了61.7%，增速居全国第2位；全区规上工业企业中有R&D活动的企业占比为25.2%，建有研发机构的企业有452家，占比为5.60%。2022年，新增规上工业企业1373家，总量超9000家。2023年，全区净增规上工业企业3267家，在库数突破1万家，且培育众多优秀工业企业，包括工业龙头企业212家、链主企业30家、自治区级专精特新企业737家、单项冠军企业109家等。2015—2023年广西规上工业企业研发机构建设情况如表2-11所示。

表2-11 2015—2023年广西规上工业企业研发机构建设情况

年份	广西规上工业企业数量	有研发机构的企业数量	占比/%
2015	5511	246	4.46
2016	5454	235	4.31
2017	5723	305	5.33
2018	6058	271	4.47
2019	6185	323	5.22
2020	6783	389	5.73
2021	8065	452	5.60
2022	9438	—	—
2023	12705	2605	20.50

数据来源：《中国统计年鉴》《广西统计年鉴》《中国科技统计年鉴》《广西科技年鉴》，下表同。

由表2-12可知，广西大中型工业企业中有研发机构的企业数量也有所增长，从2015年的139家增加到了2022年的186家，增长了34%。这说明越来越多的广西大中型工业企业重视研发活动，成立了专

表2-12 2010—2022年广西大中型工业企业研发机构建设情况

年份	广西大中型工业企业中有研发机构的企业数量	广西大中型工业企业中有R&D活动的企业数量
2010	232	267
2015	139	214
2019	102	207
2020	122	258
2021	166	327
2022	186	389

门的研发机构。广西大中型工业企业中有R&D活动的企业数量的增长更为显著，从2015年的214家增加到了2022年的389家，增长了82%，进一步推动了科技创新。然而，相对于广西大中型工业企业总数，有研发机构的企业数量和有R&D活动的企业数量仍然不高，说明大部分广西大中型工业企业还没有开展研发活动，但未来潜力仍然巨大。

5. 广西各城市的规上工业企业数量与广西各城市的R&D活动情况

根据图2-1，2022年，在广西各城市中，南宁规上工业企业的数量是最多的，共有1391家，其次是柳州，有1127家。这两个城市明

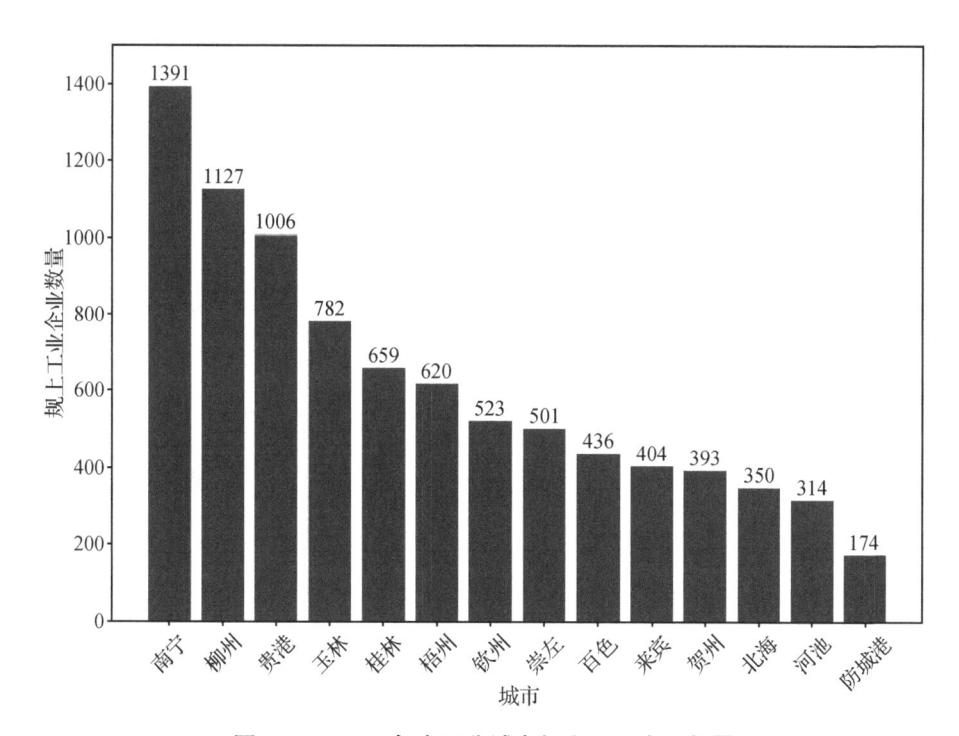

图2-1 2022年广西分城市规上工业企业数量

数据来源：《广西统计年鉴》。

显领先于其他城市，其工业经济活动较为活跃。防城港规上工业企业数量最少，只有174家，河池有314家，均远低于其他城市。这两个城市在工业发展上相比其他城市有一定的滞后。

表2-13展示了2021年和2022年广西不同城市在R&D人员全时当量、R&D经费以及R&D经费投入强度方面的情况。从广西区域角度看，其R&D人员全时当量从2021年的55821人年增加至2022年的70398人年，反映出该区R&D活动的规模正在持续扩张。同时，R&D经费也从1994572万元增加至2179354万元，R&D经费投入强度从0.81%小幅上升至0.83%，显示出研发投入的比重逐渐增加。特别地，南宁在R&D活动规模方面位居所有城市之首，2022年其R&D人员全时当量达到了27613人年。在R&D经费方面，南宁与柳州接近，2022年分别为650846万元和570804万元。就R&D经费投入强度而言，防城港和柳州的表现尤为突出，尽管它们在人员规模和经费上不如南宁，但它们的R&D经费投入强度分别达到了1.61%和1.84%，表明这两市对研发活动的重视程度较高。需要指出的是，尽管大多数城市在2021年至2022年R&D人员全时当量和R&D经费基本都有所增长，但R&D经费投入强度并非一律呈增长趋势。例如，贵港和崇左的R&D经费投入强度在2022年相比2021年有所下降，这可能与这些城市总经费的增速超过R&D经费的增速有关。总而言之，虽然广西各城市的R&D活动在规模和强度上普遍呈现出增长态势，但这一趋势在不同城市之间存在差异。

表2-13 2021年和2022年广西分城市R&D活动情况

地区	2021年 R&D人员全时当量/人年	2021年 R&D经费/万元	2021年 R&D经费投入强度/%	2022年 R&D人员全时当量/人年	2022年 R&D经费/万元	2022年 R&D经费投入强度/%
全区	55821	1994572	0.81	70398	2179354	0.83
南宁	20560	573101	1.12	27613	650846	1.25
柳州	10100	564868	1.85	11094	570804	1.84
桂林	7345	159839	0.69	8867	196650	0.81
梧州	2159	47563	0.35	3238	67630	0.48
北海	953	24939	0.17	2046	78152	0.47
防城港	1804	192007	2.35	1674	156174	1.61
钦州	1441	39322	0.24	2146	71361	0.37
贵港	1620	47569	0.32	1994	47821	0.30
玉林	2768	146007	0.71	2636	95155	0.44
百色	2158	54351	0.35	2250	76814	0.44
贺州	602	15308	0.17	1208	27528	0.28
河池	1080	44549	0.43	2001	41277	0.36
来宾	1050	24447	0.29	1445	34494	0.38
崇左	2184	60702	0.61	2189	64647	0.60

数据来源：广西壮族自治区科学技术厅。

第二节　广西规上工业企业研发机构发展的特征

近年来，广西规上工业企业研发机构的发展特征主要表现为投入持续增长，产出逐渐显现，且投入与产出存在明显的正相关关系。

一、投入方面

1. 经费投入

R&D 经费投入规模和强度不断增加。2022 年，广西所有社会领域中的研究与试验发展（R&D）经费首次超过 200 亿元，达到了 217.9 亿元，与前一年同期相比增长了 9.3%。与此同时，R&D 经费投入强度提升至 0.83%，相较于上一年度增加了 0.02 个百分点。然而，根据 R&D 全职人员的工作量计算的人均经费较上一年减少了 4.8 万元，降至 31 万元。2021 年，广西各类企业的 R&D 经费总计达到 156.7 亿元，占全社会 R&D 经费的比重为 78.6%，比上一年度提高了 3.7 个百分点。在这之中，规上企业的 R&D 经费达到了 154.1 亿元，与上一年同期相比增长了 20.0%，在全国的增幅排名中位居第六。值得注意的是，在企业、政府研究机构和高等教育机构这三大主体中，企业的 R&D 经费达到了 156.7 亿元，同比增长 20.7%；政府研究机构的 R&D 经费为 17.6 亿元，同比下降 12.9%；高等教育机构的 R&D 经费为 19.2 亿元，与上一年持平。广西具有一定经济规模的工业企业进一步加大了研发经费投入，呈现出一种积极开展技术研发的态势。

高技术产业研发投入增速超过东部地区。2021年，广西全区高技术产业（制造业）展现出强大的研发投入活力，共有171个R&D活动单位，实现的营业收入总额达到了1579.4亿元。同时，R&D投入达到12.9亿元，同比增长54.9%，这一增速在全国排名第七位，并且高于西部地区22.8个百分点和东部地区34.9个百分点。这表明广西的高技术产业在研发方面的投入和增长速度均居全国领先地位。此外，广西全区高技术产业（制造业）的研发投入强度达到0.81%，比全区规上工业企业的平均水平高0.19个百分点。这表明该产业在研发上的投入力度较大，为全社会R&D经费的增长做出了贡献。

有R&D活动的单位数量增速居全国第二位。2021年，广西全区各类研发活动单位11468个，有R&D活动单位1845个。在11055家规上企业中，有1566家企业开展了R&D活动，同比增长61.8%，占全部规上企业的14.2%，比上年提高了4.2个百分点。这一增长显示出规上企业在研发活动上的活跃度和投入力度持续增强。规上工业企业中有R&D活动的单位数量的增长尤为显著，达到857个，同比增长61.7%，增速全国排名第二。这一增长表明广西规上工业企业对于科技创新和研发的重视程度不断提升，它们正通过加大研发力度来提升自身竞争力和发展潜力。

2. 人才投入

科研活动的关键在于人才智慧与创造力。为此，广西在人才引进和培养上加大了力度，通过制定一系列人才保障政策，如提供优厚的薪酬、提供良好的科研环境等，吸引更多的科研人员投身到广西的研发活动中。

以上两个方面的投入机制相辅相成，形成了一个良性循环。经费投入为科研机构提供了资金支持，使其能够更好地进行研发活动。而人才投入则为研发活动提供了智力支持，通过不断引进和培养优秀人才，科研机构的研究水平和创新能力得以提升。这种"双管齐下"的投入机制促进了广西规上工业企业研发机构的全面发展。

二、产出方面

首先，专利申请和授权数量显著增加。2022年，广西全区专利申请数量达到56283件，是1986年（282件）的199.59倍。在专利授权方面，广西全区共授权了44691件专利，是1986年（57件）的784.05倍。这不仅体现出研发投入增加所带来的直接成果，更反映出广西在知识产权保护和创新鼓励政策的推动下，深化科技成果转化的能力有所提升。随着专利申请和授权数量的逐年增加，广西的科技创新能力得到了进一步的提高。

其次，广西新产品的研发和上市数量明显增多。新产品的研发和上市是创新成果转化为实际产出的关键环节，也是衡量企业研发实力的重要指标。近年来，广西规上工业企业的研发活动持续保持增长态势，其科研机构在研发新产品方面已取得重要突破，不只是数量上有所增加，产品质量和技术含量也得到了显著提升。

研发投入与产出之间存在正相关关系，这表明经费和人才的投入是促进科研活动及提升产出的关键。广西的经验强调了持续、稳定的投入对于科技发展的重要性，以及科研活动、成果孕育及产出转化的复杂过程。为进一步提高投入产出效率，推动可持续发展，广西需继续加强对科技研发的支持，提升科研机构的创新能力和竞争力。

第三节　广西相关政策分析

一、政策概述

广西在2021年12月出台了《广西工业和信息化高质量发展"十四五"规划》，提出到2025年，全区规上工业企业研发经费支出占企业主营业务收入的比重超过1.3%。《广西科技强桂三年行动方案（2021—2023年）》提出，到2023年，规上工业企业中有研发活动企业的占比要从2020年年底的10%提升至突破15%。2022年6月，广西印发《广西招商引资优惠政策100条》，其中涉及高新技术产业的优惠措施有5项，分别是高成长性高新技术企业奖补、瞪羚企业奖补、新型研发机构奖补、企业购买科技成果转化奖补、国家级重大科技创新平台支持。2022年10月，广西出台了《广西加强企业研发机构建设工作方案》。2023年7月，广西出台了《促进工业经济稳增长10条政策措施》《2023年三季度工业经济发展10项重点工作》。这些政策对企业研发机构的支持重点如表2-14所示。

表 2-14　广西政策对企业研发机构的支持重点

政策文件	措施概述
《关于进一步深化科技体制改革推动科技创新促进广西高质量发展的若干措施》	8 大方面 33 条措施，包括强化企业创新主体地位、深化科研机构体制改革等
《广西壮族自治区人民政府关于促进全社会加大研发经费投入的实施意见》	支持实施高新技术企业倍增计划，建立高新技术企业培育后备库等
《广西壮族自治区科学技术厅 财政厅关于印发广西企业购买科技成果转化后补助管理办法的通知》	对企业购买科技成果转化进行奖补，根据科技成果转化情况给予 20%~40% 的奖励性后补助
《广西壮族自治区科技创新条例》和《关于促进广西高新技术产业开发区高质量发展的若干措施》	对新获认定或批准建设为国家级基地的重大基地给予不超过 1000 万元的财政资金补助
《广西新型研发机构认定管理办法》	研发机构功能涉及技术研发、转化科技成果、孵化培育科技企业等
《广西加强企业研发机构建设工作方案》	总体要求强化企业主体地位、产学研用合作、分类分级推动等，鼓励自建技术中心等
《促进工业经济稳增长 10 条政策措施》	对于 2023 年上半年停产的规上工业企业恢复生产的，给予奖励等措施
《2023 年三季度工业经济发展 10 项重点工作》	紧抓科技创新，加快科技成果转化，确保产业链供应链安全可控等

近年来，广西深入实施创新驱动发展战略，出台了一系列科技创新相关政策。这些政策涵盖企业信贷利息贴息、科技成果奖补以及国家级创新平台支持等多个方面，对规上高新技术企业进行积极激励，对瞪羚企业及新型研发机构给予资金奖补，对企业购买科技成果转化给予补偿，并对企业研发机构建设进行全面部署，整体上展现出广西在推动科技创新、提升科研实力及产出方面的坚定决心和务实行动。

二、政策效果评估

科技创新是推动广西高质量发展的关键动力。近年来，广西出台了一系列科技创新政策，以推动创新驱动发展战略的实施。这些政策的实行直接向科研组织传递了政府鼓励技术创新和研发投入的强烈信号，创造了非常有利的政策环境。政策对科研机构的积极影响展现在多个层面。

政策对规模以上或成长性好的高新技术企业、瞪羚企业、新型研发机构提供经费支持和补贴，如信贷利息贴息、奖励金和经费后补助等。这对于那些原本可能由于资金短缺而难以开展深入研究的科研机构来说，无疑是雪中送炭。得到了这份来自政府的经济援助，科研机构不仅有了解决现有困难的资金保障，也有了更为充足的预算来推动新的研究项目，提升其科研创新能力。更重要的是，这样的直接经费支持也是对科研机构价值的认可，鼓励其勇敢创新，甚至冲击更高的科研高峰。

科技成果转化是科研创新链中非常重要的一环，直接关系到科技创新成果能否真正发挥其价值，促进社会经济的发展。政策鼓励科研机构购买科技成果转化，这既有利于推动科技创新成果的产业化转化，帮助科研机构拓宽实现科研成果价值的途径，提高创新成果转化的成功率，也有利于科研机构获取更多的研发活动的实际效益，提高科研投入的经济回报，进一步激发科研机构的创新热情。

国家级重大科技创新平台是技术创新的重要阵地和载体，对于推动具有自主知识产权的大型科技创新项目，联合先进技术、资金、人才等要素，进行大规模复合创新具有重要作用。政策对国家级重大科技创新平台予以补助，为这类平台的建设和发展注入了强劲动能，有力提升了其科技研发实力。

然而，每一个政策都可能存在一些潜在的问题。例如，在经费支持上，也可能存在利益分配问题。随着大量经费的投入，如何公正地分配这些资金，既让更多有需要的科研机构得到支持，又确保资金的有效使用，防止因为资源的错配而造成效益损失，成为需要面对的重要问题。

另外，长期的政策补贴可能会导致科研机构过度依赖政府资助，影响其自主创新能力的发展。在科技快速发展的今天，科研机构需要具备自我调整和应对竞争的能力，这样才能在科技竞争中保持优势。因此，科研机构需要逐步建立起自主研发和财务独立的能力，减少对政策补贴的依赖。

尽管存在上述潜在问题，但政策支持为科研机构提供了宝贵的"种子经费"，为其发展打开了新门路，提供了更广阔的发展空间和更多的机会。为确保政策效果的最大化，科研机构需要积极应对政策可能带来的风险，而政策执行部门则需不断完善政策的设计和监管机制，确保政策的公平、公正和有效性。这些政策不仅对广西有重要价值，也为全国其他地区提供了科技政策方面的有益参考。

第四节　广西规上工业企业研发机构发展的主要问题

近年来，广西规上工业企业研发机构蓬勃发展，但也不可忽视其面临的一系列问题。在识别这些问题的基础上，我们迫切需要深度分析问题的成因，并提出可行的解决方案。从广西规上工业企业研发机构建设的现状看，仍存在着数量不够多、规模不够大、实力不够强、发展不够平衡等问题。以 2021 年的数据为例，全区规上工业企业中从事 R&D 活动的单位比例不到全国平均水平的一半，全区 80% 以上的工业企业没有研发活动，研发机构数量偏少，对科技创新和产业创新的带动力较弱。总体来看，主要存在以下问题。

一、民营企业研发投入较低

2021 年，广西民营企业 100 强研发投入较少，投入总额占民营企业 100 强营业收入总额的比重仅为 1.2%。广西民营企业 100 强的研发投入比例显著偏低，这与企业规模、资金及人力资源状况密切相关。首先，广西的许多民营企业属于小微企业，规模较小，经营环境复杂多变，较大型企业更易受到市场风险和经济波动的影响。这使得这些企业在盈利能力、资金积累和市场拓展方面面临一定困难，因此往往受限于短期压力，难以进行长期的研发投入。其次，广西民营企业在科研团队建设和人才引进方面的不足，也显著影响了其研发投入水平。许多企业缺乏高水平的科技人才，研发力量在深度和广度上存在欠缺，导致其研发能力较弱，难以实现深入的研发和创新。因此，要解决广西民营企业研发投入不足的问题，除了进一步加强对小微企业的金融支持，提升其持续经营和盈利能力外，还需要在人才政策上下功夫，优化人才引进政策，建设一支高质量的科技人才队伍，以推动企业重视并加大研发投入。

二、研发机构设置率偏低

研发机构在企业科技创新中起着至关重要的作用，它不仅是企业进行科研活动的重要平台，也是推动科技创新，形成企业核心竞争力的关键因素。然而，数据显示，在广西规上工业企业中，设置研发机构的企业数量偏低。这一现象在一定程度上表明，尽管这些企业在业界已经取得了一定的声誉，但在持续创新、保持竞争力方面仍面临着较大的压力。首先，低研发机构设置率反映出广西规上工业企业在研发投入及创新能力方面的不足。许多企业仍然依赖传统生产经营模式，忽视了科技创新对未来发展的关键作用。其次，这也可能反映出广西规上工业企业在人才引进和培养、科研设备投入等方面存在问题。优秀的科研人才和先进的科研设备是高效研发不可或缺的元素，而这些企业在这些方面的投入不足，无疑限制了其研发能力的提升。因此，若想提高广西规上工业企业研发机构设置率，需要从企业文化、政策环境、人才培养等多方面进行努力。政府相关机构应当研究制定出更加具有针对性的政策措施，如优化人才引进政策、制定科技创新激励措施等，从而加大广西规上工业企业研发机构的建设力度，推动其科技创新能力的提升。

三、工业企业研发投入强度明显偏低

广西工业企业对研发机构的经费投入不足，2020年，全区规上工业企业R&D经费支出为1100亿元，占GDP的比重为0.9%，与全国水平有较大差距。而发达国家工业企业的研发投入强度普遍在2%以上。按单个企业计算，广西平均每个有研发活动的企业的研发经费内部支出仅为1628.4万元。从规模上看，作为研发投入主体的大型企业，其投入强度仅为0.69%，而中型企业和小型企业的投入强度更低，分别仅为0.24%、0.17%。分行业看，仅有一个行业的投入强度超过2%，超过1%的行业也只有4个。分地区看，全区14个市的投入强度均在1%以下。

对此，我们从三个方面展开分析：工业企业的规模、创新能力以及对研发投入的认知偏差。首先，与全国其他较发达地区相比，广西的工业企业规模普遍较小，这是影响其研发投入强度的关键因素之一。小型工业企业由于规模受限，往往面临生产力不足、研发能力薄弱的问题。研发活动需要大量的资金支持、人才集聚和时间投入，这使得小型工业企业在研发投入上缺乏积极性。其次，广西地区工业企业的自主创新能力相对薄弱。许多工业企业的研发活动因缺乏技术人才和经费而进展缓慢，难以实现从效率驱动向创新驱动的转型。最后，广西地区工业企业对研发投入的认知存在一定误区。部分企业过于注重短期盈利，忽视了研发投入可能带来的知识和技术积累，以及对企业长期发展的推动作用。因此，改变这一现状需要政府与企业的共同努力。一方面，政府应制定相应政策来帮助企业扩大规模，如提供金融支持和优化产业布局等；另一方面，企业需打破传统观念，认识到科技创新的长期价值，从而加大研发投入，提升自主创新能力。

四、研发活动分布不均衡

广西工业企业研发活动分布不均衡的问题主要体现在规模、行业和地域三个方面。首先，大型企业凭借充足的资金和人力资源成为研发活动的主要力量，享有显著的研发投入和创新能力优势，而中小型企业则因资源有限而面临较大的挑战。其次，在行业分布上，某些优势行业（如汽车制造业）的研发活动较为活跃，而其他行业相对滞后，加剧了整体研发水平的波动和不平衡。最后，地域上的集聚效应使研发活动集中于柳州等工业发达城市，而其他地区的研发活动相对较少。

研发活动的分布通常反映出各地区经济发展水平的差异。广西作为一个地域广阔、经济发展不均衡的省份，各城市之间的经济水平差距较大。经济较发达的城市往往会投入更多的研发资金，因为它们拥有更丰富的经济资源和人才储备来支持研发活动。另外，不同行业的科技含量和研发需求也存在差异。高新技术产业与传统产业在研发投入上的差距，是导致研发活动分布不均的重要原因之一。对于信息技术、生物医药等科技含量高、竞争激烈的行业而言，其研发投入通常高于其他行业。因此，对于广西而言，提高各地区、各行业的研发投入是一个相对复杂的课题。既需要在全区范围内统筹经济发展和科技创新政策，也要因地制宜，根据各地区和各行业的实际情况进行合理投入，以优化研发活动的整体结构，提升广西的科技创新能力。具体措施包括推广先进的科研设备和技术，优化科研人才的培养与配置，以进一步扩大广西的研发活动规模和提升其效率。

五、高素质科技人才缺乏

广西缺乏高素质科技人才，特别是那些具备高级专业技术和管理能力的研发人才。这种短缺严重影响了研发机构的创新能力和竞争力。从2015年至2022年，广西全区的研发人员全时当量以及规上工业企业的研发人员全时当量均呈现出持续增长的趋势，分别从38535人年增加至70398人年，以及从16884人年增加至66928人年，显示出广西对研发投资和人才引进的积极态度。然而，值得注意的是，尽管研发人员的数量在增长，但在2015年至2021年，规上工业企业研发人员全时当量的比例却保持在43%~51%之间，直到2022年才急剧上升至95.07%。这可能表明广西规上工业企业在吸引和培养研发人员方面取得了显著进展，或者是其他非规上工业企业的研发投入有所减少。尽管这些数据凸显了广西对研发活动的投入和重视，以及规上工业企业对研发人才的吸引力正在增强，但是我们也必须认识到，广西科技人才的结构仍存在不合理之处，特别是高级别研究人员和专业技术人才的短缺问题亟待解决。

六、研发机构的科技成果转化和产业化水平较低

广西在将研发成果有效转化为生产力方面面临挑战，主要表现为市场化运作和推广机制存在不足。此外，缺乏有效的科技成果转移平台和机构，导致许多研发成果难以应用于企业实际生产。数据显示，自2015年至2021年，全区科技成果登记数量总体呈增长趋势，从1401项增至7014项。然而，尽管规上工业企业登记的科技成果占总量的比例从2015年的22.77%上升到2021年的50.36%，但仍有近一半的科技成果未能在规上工业企业中应用，反映出产业化水平的不足。进一步分析技术吸纳合同交易额和技术开发合同额的数据可以发现，虽然技术吸纳合同交易额从2015年的57.66亿元增加至2021年的1254.00亿元，显示广西对外科技吸纳能力增强，但技术开发合同额的比例却从2015年的26.05%下降至2021年的20.76%，说明企业对自身技术创新和开发的投入比例有所下降，这也凸显出科技成果转化和产业化水平亟待提升。总体而言，广西应重点提升科技成果转化和产业化水平，强化科技创新的市场化运作和推广机制，建立并完善科技成果转移转化的平台和机构，同时通过加大投入来提升对研发成果的吸引力。

第五节　广西规上工业企业研发机构的发展瓶颈

当前，广西规上工业企业研发机构面临的主要瓶颈涵盖了多个层面，包括资金短缺、人才不足、创新能力欠缺、政策执行困难、科技基础薄弱、产学研结合不紧密和知识产权保护不足等。这些瓶颈既源于内部管理的不足，也受到外部环境多方面的影响，制约了企业科技创新和研发水平的提升。要解决这些问题，需要从多个方面综合施策，以推动广西规上工业企业研发机构克服困难，实现更加可持续的发展。

一、政府补贴力度不足

尽管广西在推进技术创新方面采取了一系列研发资金扶持政策，但企业在实际操作中仍面临多重困难。首先，政府对研发资金的支持占比相对较低，不足全部经费的5%，这限制了企业在研发领域的资金来源，给大规模研发项目的实施带来了挑战。其次，申请政府支持的研发资金程序复杂，企业需要投入大量时间和精力，增加了申请的难度。这种烦琐的程序可能会使一些符合条件的企业望而却步，从而影响政策的实际效果。因此，增加政府资金支持的额度并简化申请程序，将有助于增加企业研发投入，促进技术创新和产业升级。

二、难以获得风险投资

广西规上工业企业的研发机构在发展过程中面临资金获取的难题，尤其是在吸引风险投资方面。受多种因素影响，这些企业往往难以获得足够的风险投资，从而限制了它们的研发能力和市场竞争力。一方面，广西在地理位置、市场规模和产业集群成熟度等方面相较经济更发达的地区存在劣势，导致吸引风险投资的难度较大；另一方面，风险投资者对这些企业的技术成熟度、市场潜力和团队能力可能持保留态度，进一步增加了企业融资的难度。

三、难以吸引银行贷款

银行在选择贷款对象时，通常主要考虑企业的抵押物和营收能力，而对其研发投入缺乏足够的重视。这使得许多急需研发资金的企业难以通过银行贷款获得支持，形成了资金瓶颈。银行未能充分理解和认可研发投入的价值，是导致这一问题的关键原因。

四、高水平研发人才短缺

广西规上工业企业研发机构的发展受到高水平研发人才短缺的严重制约。2022年广西人才网的供求分析报告显示，广西人才需求人数为370421人，较上一年度减少了168361人，降幅达31.25%。整体人才需求的下滑趋势与广西规上工业企业研发机构的发展需求相背离,反映出人才质量难以满足这些研发机构的需求。从学历分布来看,求职人才主要为大专和本科学历,分别占总求职人数的43.23%和41.91%,而研究生及以上学历的求职者仅占1.07%,学科带头人和高层次领军人才更是稀缺。人才是企业技术创新的源泉和驱动力,高技能研发人员的流失和缺乏无疑会导致研发进程放缓、科技创新力度不足,从而影响整体技术进步与成果转化。

五、创新能力局限

技术创新能力是企业创新能力的核心内容之一。技术创新能力主要体现在企业的研发活动和技术改造上,包括产品研发、技术引进以及技术吸收和再创新等多方面的能力。广西规上工业企业技术创新能力的不足,是制约其科技成果转化效率的重要因素。尽管这些企业在研发人员和研发资金上都有一定投入,但受限于资金和人才等因素,它们在新产品研发、新技术开发和技术攻关等方面的表现并不突出。

从过去几年的技术吸纳合同交易额和技术开发合同额来看,广西规上工业企业的技术创新能力存在明显短板。技术开发合同额的比例从2015年的26.05%下降至2021年的20.76%,表明在自主技术创新上的投入未见增加,在总投入中所占的比例有所下降。进一步分析显示,广西规上工业企业在技术创新方面仍较为依赖引进或模仿,尚未形成自主创新体系。这导致这些企业在应对市场快速变化的环境和日益激烈的竞争时,难以迅速调整技术战略,从而影响科技成果的转化和产业化水平。

六、未建立起高效协同的运行机制

广西新型研发机构的建设需要多方利益相关者的共同参与。然而，各方主体隶属独立系统，在发展战略、目标、组织形式和执行方式上存在显著差异。同时，各方主体在共建初期并未明确界定权责利，也没有形成高效的协作机制，导致实际运行中出现决策链条复杂、管理层级多、短期利益倾向强等一系列问题。此外，目前一些新型研发机构尚未完全发挥其在企业、高校及科研院所之间的桥梁作用，导致产学研合作和技术创新中的技术供需不平衡、成果转化周期较长，同时利益分配机制也存在不合理的现象。

七、缺少科学的考核评估机制

从广西的实践来看，目前新型研发机构缺乏科学合理的考核评估体系。首先，考核目标与产业需求存在脱节。新型研发机构在共建协议或建设任务目标中，仍然侧重于科技项目立项数量、专利和论文产出，缺乏对成果转化能力、实用性及市场价值的评估。其次，对于应用型人才的评估机制不足，仍将高端学术带头人视为优秀运营管理人才，将科研人员等同于成果转化和产业对接人才，这使得研发机构在发展中难以获得足够的专业支持。

第三章

广西规上工业企业研发机构数量增长的实证分析

第一节 实证分析目的

本次实证研究的主要目的是对广西规上工业企业研发机构数量的历史变化趋势进行深入分析,并对影响其增长的因素进行实证研究。具体而言,研究目的如下。

一、揭示研发机构数量的历史变化趋势

通过收集和整理广西规上工业企业研发机构数量的历史数据,利用图表等可视化手段,展示研发机构数量的增长情况和变化趋势。分析研发机构的增长特点,进一步了解广西规上工业企业在研发机构建设方面的发展路径,为识别影响因素提供基础。

二、探究影响研发机构数量增长的关键因素

运用实证分析方法,深入挖掘影响广西规上工业企业研发机构数量增长的主要因素。重点关注政策支持、经济环境、企业规模、产业结构等可能的影响因素,分析这些因素对研发机构数量增长的影响程度和方向。通过建立统计模型,量化各因素的影响力,识别出推动研发机构数量增长的关键因素。

三、提供有关广西规上工业企业研发活动的深度认识

通过对历史趋势和影响因素的综合分析，深入了解广西规上工业企业的研发活动现状和发展规律。探讨研发机构数量增加对工业增加值和高技术制造业增加值的促进作用，揭示研发机构在提升企业创新能力和竞争力方面的关键作用，为政府制定相关政策、企业制定发展战略以及学术界进一步研究提供科学依据。

第二节 数据来源与变量说明

本研究的数据主要来源于国家统计局和广西统计局发布的年度统计公报、《广西统计年鉴》以及相关官方统计数据。具体的数据涵盖了2015年至2023年广西规上工业企业的发展情况，涉及的指标包括企业数量、研发机构数量、工业增加值增速和高技术制造业增加值增速等。这些数据经过整理和汇总，形成了如表3-1所示的统计表，为本研究的实证分析提供了可靠的数据支撑。

广西规上工业企业数量（X_1）。即广西地区年主营业务收入在2000万元及以上的工业法人单位数量。该指标反映了广西规上工业企业的总体规模和数量变化，是衡量工业经济发展水平的基础性指标。规上工业企业数量的变化能够直接体现工业经济的扩张或收缩趋势，对了解区域经济状况具有重要意义。

表 3-1　2015—2023 年广西规上工业企业及其研发机构增长情况

年份	广西规上工业企业数	增速 /%	有研发机构的企业数	占比 /%	增速 /%	工业增加值增速 /%	高技术制造业增加值增速 /%
2015	5511	1.31	246	4.46	-21.14	4.7	16.9
2016	5454	-1.03	235	4.31	-4.68	4.3	8.9
2017	5723	4.93	305	5.33	22.95	4.0	15.4
2018	6058	5.85	271	4.47	-12.55	4.2	11.6
2019	6185	2.10	323	5.22	16.10	4.0	4.0
2020	6783	9.67	389	5.73	16.97	1.2	-8.1
2021	8065	18.90	452	5.60	13.94	8.1	1.1
2022	9438	17.02	—	—	—	4.5	16.9
2023	12705	34.62	2605	20.50	—	6.6	8.3

具有研发机构的企业数量（X_2）。即规上工业企业中设有研发机构的企业数量。该指标反映了企业开展研发活动的实际情况，衡量了企业对研发的重视程度和创新能力。具有研发机构的企业数量越多，说明区域内企业的创新活力越强，越有利于提升整体科技水平和竞争力。

具有研发机构的企业占比（X_3）。即具有研发机构的企业数量占规上工业企业总数的比例，以百分比表示。该指标反映了研发活动在规上工业企业中的普及程度。占比越高，说明在整体规上工业企业群体中，重视研发的企业比例越大，越有助于形成良好的创新氛围，推动产业升级。计算方式如下：

$$X_3 = \left(\frac{\text{具有研发机构的企业数量}}{\text{规上工业企业总数}} \right) \times 100\%$$

规上工业企业数量增速（Y_1）。该指标衡量了规上工业企业数量的增长趋势，反映了工业经济的扩张速度。增速提高，表明工业领域的规上企业不断涌现，市场活力增强。计算方式如下：

$$Y_1 = \left(\frac{\text{当年规上工业企业数量} - \text{上年规上工业企业数量}}{\text{上年规上工业企业数量}} \right) \times 100\%$$

工业增加值增速（Y_2）。表示全区工业增加值的年度增长率，根据统计部门公布的工业增加值数据计算得出。该指标反映了工业经济的总体增长情况，是衡量工业发展质量和效益的重要指标。工业增加值增速提高，表明工业生产效率和盈利能力提升。

高技术制造业增加值增速（Y_3）。表示全区高技术制造业增加值的年度增长率，根据统计部门公布的高技术制造业增加值数据计算得出。

该指标反映了高技术制造业的发展速度，衡量了产业升级和技术创新的成果。高技术制造业增加值增速提高，说明高技术制造业在经济中所占的比重增加，对提升区域竞争力具有重要作用。

第三节　分析方法

本研究采用多种统计分析方法，对收集的数据进行系统处理和分析，旨在揭示广西规上工业企业研发机构数量增长的影响因素，以及其对工业经济发展的作用。具体分析方法如下。

对主要变量进行基本的统计描述，以了解数据的分布特征和变化趋势。通过计算平均值、标准差、最大值、最小值等统计量，初步掌握各变量的基本情况。

为检验广西规上工业企业数量（X_1）与具有研发机构的企业数量（X_2）之间的相关性，采用皮尔逊相关系数进行分析。通过计算相关系数，判断两者是否存在线性关系，以及相关程度的强弱。这有助于确定规上工业企业数量增加是否伴随着研发机构数量的同步增长。

建立线性回归模型，分析具有研发机构的企业数量（X_2）对工业增加值增速（Y_2）和高技术制造业增加值增速（Y_3）的影响程度。模型的具体形式为：

$$Y_2 = \alpha + \beta \times X_2 + \varepsilon$$

$$Y_3 = \alpha + \beta \times X_2 + \varepsilon$$

其中：Y_2 为工业增加值增速；Y_3 为高技术制造业增加值增速；X_2 为

具有研发机构的企业数量；α 为常数项，表示模型的截距；β 为回归系数，反映 X_2 对 Y 的影响程度；ε 为随机误差项。通过回归分析，量化研发机构数量对工业经济增长的影响，为验证研究假设提供依据。

第四节　实证结果与分析

近年来，广西规上工业企业呈现出蓬勃发展的态势。这一现象引发了人们对规上工业企业与研发机构之间关系的关注，而实证分析成为理解这一现象的重要工具。为此，我们对广西规上工业企业数量、工业增加值、高技术制造业增加值与企业研发机构数量之间的关联性进行了深入研究。

利用 EViews 软件，我们以广西规上工业企业数量增速、工业增加值增速和高技术制造业增加值增速为因变量，以企业研发机构数量增速为自变量，分别进行了普通最小二乘回归分析。所使用的基础数据为 2015 年至 2021 年广西的相关统计数据。

通过对广西工业增加值增速与企业研发机构数量增速之间的线性相关性和因果关系进行分析，发现 2015 年以来两者之间的线性关系并不显著（回归系数的 p 值为 0.8233，大于 0.05），D-W 值低于 2，提示残差可能存在自相关性。此外，也未发现明显的格兰杰因果关系。具体结果如表 3-2 和表 3-3 所示。

通过对广西高技术制造业增加值增速与企业研发机构数量增速之间的线性相关性和因果关系进行分析，发现 2015 年以来两者之间的线

表3-2 广西工业增加值增速与企业研发机构数量增速之间的线性相关性分析

Method: Least Squares			Included observations: 7	
Variable	Coefficient	Std. Error	t-statistic	Prob.
YANFAJIGOU	0.012157	0.051660	−0.235328	0.8233
C	4.397721	0.849883	5.174500	0.0035
R-squared	0.010955	Mean dependent var		4.342857
F-statistic	0.055379	Durbin-Watson stat		2.294365
Prob（F-statistic）	0.823289			

表3-3 广西工业增加值增速与企业研发机构数量增速之间的格兰杰因果关系分析

Sample: 2015 2021			Lags: 1
Null Hypothesis:	Obs	F-statistic	Prob.
YANFAJIGOU does not Granger Cause GONGYE	6	1.74083	0.2787
GONGYE does not Granger Cause YANFAJIGOU		0.33026	0.6058

性关系不成立（D-W值低于2.3，且不可能性为0.2267，即22.67%），同时企业研发机构数量增加是高技术制造业增加值增加的格兰杰原因，但反过来，高技术制造业增加值增加并非企业研发机构数量增加的格兰杰原因。具体结果如表3-4和表3-5所示。

通过对广西规上工业企业数量增速与企业研发机构数量增速之间的因果关系进行分析，发现2015年以来广西规上工业企业数量增速与企业研发机构数量增速之间的因果关系不成立（不可能性为0.2230，即22.30%，且没有通过检验）。具体结果如表3-6所示。

表 3-4　广西高技术制造业增加值增速与企业研发机构数量
　　　　增速之间的线性相关性分析

Method: Least Squares			Included observations: 7	
Variable	Coefficient	Std. Error	t-statistic	Prob.
YANFAJIGOU	0.270287	0.196164	-1.377861	0.2267
C	8.334050	3.227154	2.582476	0.0493
R-squared	0.275205	Mean dependent var		7.114286
F-statistic	1.898501	Durbin-Watson stat		1.774606
Prob (F-statistic)	0.226719			

表 3-5　广西高技术制造业增加值增速与企业研发机构数量
　　　　增速之间的格兰杰因果关系分析

Pairwise Granger Causality Tests			Lags: 1
Null Hypothesis:	Obs	F-statistic	Prob.
YANFAJIGOU does not Granger Cause SER01	6	1.78960	0.0348
SER01 does not Granger Cause YANFAJIGOU		0.81006	0.4344

表 3-6　广西规上工业企业数量增速与企业研发机构数量
　　　　增速之间的格兰杰因果关系分析

Sample: 2015 2021			Lags: 1
Null Hypothesis:	Obs	F-statistic	Prob.
YANFAJIGOU does not Granger Cause SER02	6	2.34800	0.2230
SER02 does not Granger Cause YANFAJIGOU		0.01144	0.9216

对广西工业增加值、高技术制造业增加值与企业研发机构数量，以及广西规上工业企业数量与企业研发机构数量之间关系的实证研究揭示了这些变量相互作用的复杂性。分析发现，广西规上工业企业数量、工业增加值和高技术制造业增加值与企业研发机构数量之间的关

联性总体较弱。尽管企业研发机构数量的增加对高技术制造业增加值有显著的促进作用,但这一增加并未直接反映在工业增加值的显著提升上,也未表现为与高技术制造业增加值之间的明显线性关系。

此外,广西规上工业企业数量的增加未必带来企业研发机构数量的相应增加。这一发现与其他地区的研究结果存在差异,反映出广西规上工业企业对研发机构建设的重视程度存在不足。这一点也暗示了广西研发机构的成果转化和科技创新能力有待提高,同时反映了广西高科技企业较少,企业对高新技术成果的应用不足的现状。

第四章

各省份推动规上工业企业研发机构大幅增加的经验借鉴

广东、湖北、重庆、江苏和福建等省份在推动规上工业企业研发机构发展和扩大覆盖率方面取得了显著成效，发挥了引领作用。广东省凭借对科技创新的持续关注与投入，在工业企业研发机构覆盖率上领先全国，尤其在电子信息、新材料、新能源等领域取得了突出成果。湖北省通过政策和资金支持，推动了汽车、钢铁、化工等行业的技术创新，提升了规上工业企业研发机构的覆盖率。重庆市的新型研发机构数量在西部地区位居前列，其依托完善的工业体系和产业基础，特别在电子信息和汽车制造领域推动了产业升级。江苏省依托强大的工业基础，注重研发能力提升，加强与高校和科研机构的合作，在机械、化工、电子等领域具备优势。福建省也高度重视科技创新和研发机构建设，通过政策和资金扶持，增加了研发机构的数量和覆盖领域，如电子信息、新材料、新能源等。各地区的努力不仅提升了本地企业的研发实力和技术水平，也为全国工业企业创新能力的提升做出了积极贡献。

第一节 广东省经验借鉴

一、广东省综合政策支持

作为新型研发机构的发源地，广东省自 2015 年以来出台了一系列支持研发活动发展的政策，包括提供财政资助、实行税收减免措施以及设立特别资金。这些政策在电子信息、先进制造、生物医药、新材料等领域发挥了显著作用，推动了产学研合作、创新平台建设和科技与产业的融合。尽管取得了一定的成效，但广东省也认识到新型研发机构作为新生事物仍面临诸多挑战，如部分机构存在研发团队规模较小、研究能力较弱、成果产出不足、产业化支撑不够等问题。

为了优化新型研发机构的管理，广东省重新制定了《广东省新型研发机构管理办法》，对功能定位、认定条件、管理评价、支持发展等方面进行了明确和补充。广东省科技厅发布的《科技创新助力经济社会稳定发展的若干措施》，从四个方面提出了12条具体措施，旨在发挥科技创新在高质量发展中的核心作用。其中，支持省内企业承担国家重大科技项目是重要内容，广东省将出台实施细则，对符合条件的重大科技项目给予配套支持，提高地方财政的配套比例。

二、广东省技术创新体系

广东省建立了完善的技术创新体系，促进了科研与产业的紧密结合。这一体系包括多层次、多类别的研发机构，如国家级和省级企业技术中心，以及国家技术创新示范企业。2023年，省内的研发机构比例达到43%，这些研发机构不仅是技术创新的孵化器，也是促进产学研全面对接的平台。通过共建工程技术研究中心、企业技术中心和重点实验室等，广东省确保了科研成果能够有效转化，并通过产学研合作模式，加强了学术界和工业界的互动，推动了知识和技术的快速流动。

1. 国家重点实验室体系

广东省坚定不移地推进国家重点实验室建设，将其作为培育国家战略科技力量的重要载体。为实现这一目标,广东省针对基础前沿科学问题、关键核心技术以及成果应用示范,进行了全链条、系统化的顶层设计。广东省正在聚焦全球科技前沿,致力于振兴各学科领域,加大对基础学科和前沿交叉学科发展的投入,以确保广东省在科技创新领域处于国际领先地位;同时,致力于建设战略性、基础性和公益性的国家重点实验室体系,以推动科技创新和基础研究的发展。通过采取补强策略,调整资源配置,加大资金投入,促进已建成的国家重点实验室进一步发展,力争达到国际一流的创新水平。

2. 省级技术创新中心体系

为了推动产业创新与发展,广东省正加强对已建成的省级技术创新中心的业务指导和政策支持。这些中心,如广东省印刷及柔性显示技术创新中心、白色家电技术创新中心等,已经在协同创新方面取得了显著成果。为了更好地满足新一代电子信息等十大战略性支柱产业集群和高端装备制造等十大战略性新兴产业集群的发展需求,广东省将进一步完善省级技术创新中心的建设。这一举措不仅有助于加强对优势特色产业发展的支持,更将促进从应用基础研究、应用研究到规模化生产的完整技术创新链条的形成。广东省还将积极推动省级技术创新中心与产业创新中心、制造业创新中心、工程研究中心、工程实验室、企业技术中心等技术创新平台之间的协同发展。通过加强合作与交流,将进一步促进科技成果的转化和产业化应用,从而构建一个完善的技术创新供给体系,为产业发展提供强有力的技术支撑。

3. 多元化投入体系

广东省正努力建立健全基础研究资金投入机制,鼓励全社会增加对基础研究的资金支持。加大全社会对基础研究的投入力度，不仅体现了对科研的重视，更是对未来科技创新的坚定承诺。省级财政在基础研究投入上发挥着重要的引导作用。通过与国家部委所属院所、地市、行业部门和企业的深入合作，广东省正逐步建立起多层级、多行业协同联动的投入体系。这样的体系不仅有助于强化政策引导，更能鼓励社会各界力量共同投入到基础研究中。广州市和深圳市作为广东省的两大经济引擎，在基础研究经费投入机制方面发挥了示范作用。这包括省市共建的省级实验室、省市联合基金，以及高等教育领域的"冲补强"建设等项目。广东省正在积极引导各地市增加基础研究的投入，以推动基础研究的发展。此外，组建省企联合基金，更好地落实企业研发费用加计扣除等税收优惠政策。提高财政补贴补助比例，不仅能带动企业、行业和社会组织机构加大基础研究的投入，还能鼓励和支持大型企业捐赠基金或企业家、科学家等个人捐赠，开展公益性基础与应用基础研究。

4. 项目资助体系

为了推动对科学前沿的探索和满足经济社会发展的需求，广东省正大力组织基础与应用基础研究的重大项目。加强前瞻性基础研究，努力实现引领性原创成果的重大突破。持续加强对省自然科学基金项目的支持是实现突破的关键措施之一。重点支持前沿原创探索和非共识创新，鼓励科学家开展探索性研究，加大对青年博士和博士后的支持力度，并对粤东西北地区实行政策倾斜。这样的策略旨在确保各个层面和地区的科研工作都能得到充分的支持和发展。

围绕地市的重点发展方向和产业、行业、企业的创新发展需求，广东省将持续扩大省内联合基金项目的支持范围。积极承接国家基础研究项目，并大力实施国家自然科学基金区域创新发展联合基金，旨在推动广东省在承担国家自然科学基金项目方面实现"量质"双提升。随着更多的高校、省实验室、高水平创新研究院和龙头骨干企业等承担国家自然科学基金项目、科技部科技创新2030重大项目等，广东省在国家科研体系中的地位和影响力将进一步提升。

5. 科技孵化育成体系

广东省将重点聚焦于科技孵化育成体系的发展，从追求规模增长转向高质量发展，以提升孵化能力和加速产业孵化为主要目标。在这一战略布局中，将粤港澳大湾区国家技术创新中心确立为核心主体，并着力开展八大行动，具体包括深入推进区域协同发展、提升特色孵化载体效能、提高在孵企业的数量与质量、壮大创业导师队伍、促进大学科技园的创新发展、培育产业孵化集群、强化创新创业的金融支撑以及优化孵化环境等。

6. 技术转移和支撑体系

广东省致力于加强科技成果的转移与转化，推动科技与经济的深度融合。首先，广东省深化了珠三角国家科技成果转移转化示范区的建设，赋予其引领和示范全省科技成果转化的重要任务。其次，广东省大力支持华南技术转移中心向国际化、综合型技术转移高端枢纽平台的方向发展，使其成为连接国内外技术转移的重要桥梁，进一步加速技术交流与合作。为提高技术交易的效率和便利性，广东省积极建设一批线上线下相结合的技术交易平台，为企业、研究机构和个人提供开放透明的技术交易环境，降低交易成本，促进技术的快速流通。

同时，广东省鼓励优势企业或科研机构牵头组建科技成果中试熟化与产业化基地，为科技成果中试熟化和产业化提供创新服务，确保科技成果更好地适应市场需求，提高其商业化成功的可能性。

7. 专业化、市场化科技服务体系

为了进一步推进科技成果转移转化，广东省正全面加强科技服务体系建设。其中，生产力促进中心、评估咨询机构、科技信息中心、知识产权法律服务机构等服务平台的建设是重点。这些平台将为企业提供技术创新、工业设计、文化创意、质量检测、知识产权、信息网络、市场化评估、电子商务、创业孵化、创业融资、人才培育和安全生产技术服务等全方位的服务支持。加强技术合同认定登记工作体系建设是另一项关键措施。通过完善技术合同认定登记流程，广东省旨在提高技术交易的规范性和透明度，为技术转移提供更加可靠的保障。

8. 社会发展科技协同创新体系

广东省坚持社会共建、共治、共享的理念，紧紧围绕平安广东、法治广东、健康广东、美丽广东、海洋强省、交通强省等核心发展目标，深入挖掘和满足相关科技需求。为了实现科技创新与社会发展需求的紧密结合，广东省不断完善社会发展科技协同创新体系，建立长期稳定的合作机制，确保科技创新与社会发展相互促进。广东省与行业管理部门加强了协同合作，科技部门在推动政府管理创新、为科学决策提供支持以及促进多元共治方面发挥着关键作用。广东省利用大数据、知识图谱、区块链、云计算、5G等先进技术，加速在公共安全风险防控领域的融合与应用，显著提升了公共安全部门的科技支撑和保障能力，构建了警民一体的科技创新体系。在应对自然灾害、事故灾难和社会安全突发事件方面，广东省加速了核心技术的研发和应用。重点领域包括监测预警、风险评估以及应急救援处置。特别关注矿山安全、危化品安全和自然灾害防治等领域，致力于发展智能化监测预警系统以及安全应急装备的智能化与轻量化集成应用。这包括信息化智能监测预警系统、便携机动救援装备、交通运输应急救援装备、应急搜救航空器和机器人等关键技术装备的研发和应用。这些举措旨在全面提升防灾减灾和应急救援的科学化、专业化、精细化、智能化以及现代化水平，有效应对各种突发事件和安全挑战。

9. 科技计划监督评估体系

广东省严格落实相关监督规定。坚持约束与激励并重、减负与服务并举的原则，建立健全覆盖全面、统一有序的科技计划监督评估体系。构建项目关键节点"里程碑"式评估和随机抽查相结合的监督新模式，以确保项目按照既定目标和质量要求稳步推进。这一新模式将推动项目管理专业机构和科技咨询专家队伍的专业化建设，为项目提供专业的管理和咨询服务。此外，广东省推进科技监督信息化建设，建立部省联动的项目检查机制、跨地区重大案件联合调查机制和失信行为联合惩戒机制。这些机制将促进科技监督与"一网统管"工作相衔接，实现监督信息的共享和监督结果的互认。

三、广东省产业升级与高新技术产业发展

广东省在推动传统产业升级和高新技术产业发展方面采取了积极措施。省内重点发展电子信息、生物医药、先进材料等高新技术产业，

并围绕这些支柱产业的创新需求，设立了产业集群发展区。同时，省内还推进了企业联合创新，开展了针对大中小型企业的联合创新计划，支持创新联合体的建立，形成了创新生态圈。

1. 产业升级

在产业空间布局层面，广东省遵循功能区战略定位，正加速构建"一核一带一区"的区域发展新格局。"一核"即珠三角地区，是指涵盖广州、深圳等9个城市的区域，这个区域被定位为引领全省发展的核心引擎。其主要任务是对标世界级城市群建设标准，深化区域一体化进程，推动珠江口两岸的融合发展，并与港澳合作，共同打造粤港澳大湾区。同时，该区域致力于建设国际科技创新中心，构建现代化经济体系，并率先实现高质量发展目标，进而带动省内其他区域经济增速的提升。"一带"即沿海经济带，指的是珠三角沿海及东西两翼的14个城市区域，以汕头市和湛江市为中心，分别向东、西两翼延伸。这一区域的发展重点是加快汕潮揭城市群和湛茂阳都市区的建设，强化基础设施和临港产业布局。同时，该区域还将拓展国际航空和海运航线，以打造全省新的增长极，并共同构筑世界级沿海经济带。在发展过程中，注重海洋生态保护和构建沿海生态屏障，以确保可持续发展。"一区"即北部生态发展区，涵盖韶关、梅州等5个城市。该区域被赋予全省重要生态屏障的角色，主要任务是保护和修复生态环境、提供生态产品，并限制开发强度。同时，该区域也鼓励发展与生态功能相适应的产业。

以卫星导航与位置服务产业为例，2021年珠三角地区在该领域的产值达到967亿元，占全国市场份额的20.61%，显示出强劲的增长势头。在干细胞产业方面，截至 2024 年 4 月，广东省拥有 18 个国家干细胞临床研究备案机构，位居全国前列。这表明广东省在干细胞研究和临床应用方面具有显著的实力和领先地位。至于天然气水合物产业领域，广东省已建成多个海洋工程装备制造基地，形成了产业集聚效应。

2. 高新技术产业发展

高新技术在产业发展中的重要性日益凸显，通过将高新技术应用于产品的研发和生产，能够形成巨大的带动效应，进而推动高新技术产业的蓬勃发展，释放新动能。这类产业的核心技术主要集中于高技术领域中的尖端前沿技术，其研发难度极高。近年来，广东省不断加大对创新的投入力度，积极布局尖端前沿技术领域，重点研发区块链、智能传感、空天科技等颠覆性高新技术。其中，对区块链技术的布局更是成为未来发展的新标杆，展现出巨大的发展潜力。此外，广东省的高新技术企业数量呈现出不断上升的趋势。2019 年，高新技术企业数量超 5 万家，高新技术产品产值达 7.8 万亿元，比上年增长 9.6%。这表明广东省的高新技术产业规模正在不断扩大，发展质量也在稳步提高。

四、广东省产业集群发展

广东省经济社会发展的稳定性，得益于十大战略性支柱产业的稳健表现，这些产业成为经济发展的"压舱石"。2021 年，产业集群实现的增加值达到了 43262.03 亿元，占全省 GDP 的 34.8%，增速为 7.3%（见图 4-1），与全省 GDP 的整体增速保持一致。特别是智能家电、汽车、先进材料、生物医药与健康、现代农业与食品这五个产业集群，其产值占比达到了44%。该数据不仅凸显了广东省在高科技和战略性产业方面的优势，也体现了其在推动经济结构优化和升级方面取得的成效。

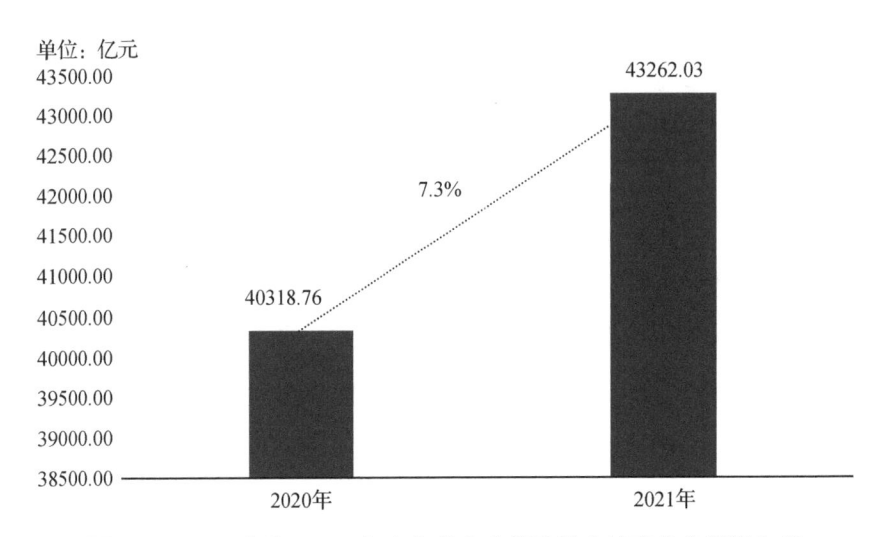

图 4-1 2020 年和 2021 年广东省十大战略性支柱产业集群增加值

2021 年，在细分产业中，先进材料产业以其显著的增加值贡献凸显其作为最重要的细分产业的地位，其增加值高达 16676.19 亿元。紧随其后的是软件与信息服务产业，其增加值达到 14474.36 亿元。现代轻工纺织产业也表现突出，以 12391.65 亿元的增加值排在第三位（见图 4-2）。

在广东省追求经济前进和创新发展的道路上，十大战略性新兴产业集群已经崛起为新的经济增长引擎。2021 年，产业集群的总增加值达到了 5807.94 亿元，同比增长 16.6%（见图 4-3），这一增长率高出全省 GDP 增速 8.6 个百分点，凸显其在推动经济增长中的重要作用。在细分产业中，半导体与集成电路、前沿新材料两大产业展现了强劲的增长态势，其增加值的同比增长率分别达到了 42.7% 和 35.7%，体现了这些领域在技术进步和产业升级中的关键地位。

十大战略性支柱产业集群子产业增加值（单位：亿元）

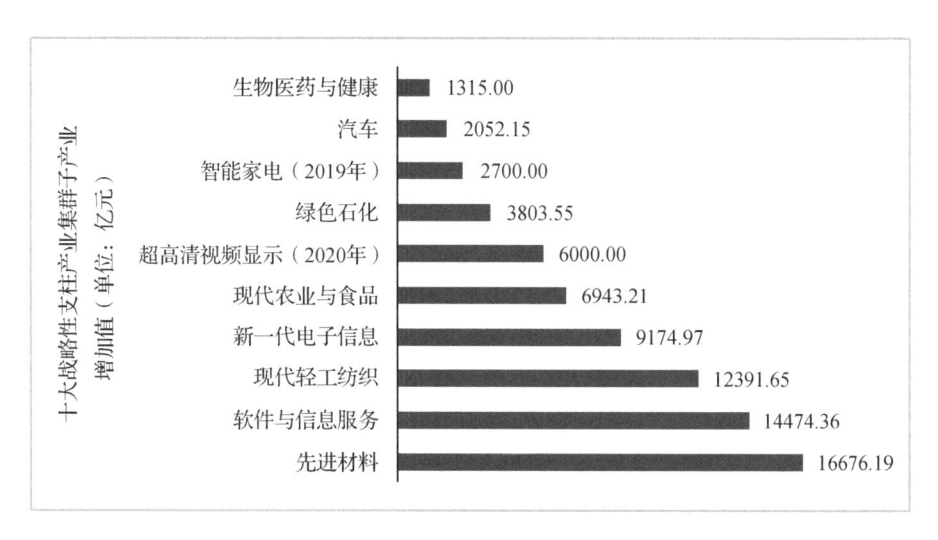

产业	增加值
生物医药与健康	1315.00
汽车	2052.15
智能家电（2019年）	2700.00
绿色石化	3803.55
超高清视频显示（2020年）	6000.00
现代农业与食品	6943.21
新一代电子信息	9174.97
现代轻工纺织	12391.65
软件与信息服务	14474.36
先进材料	16676.19

图 4-2 2021 年广东省十大战略性支柱产业集群子产业增加值

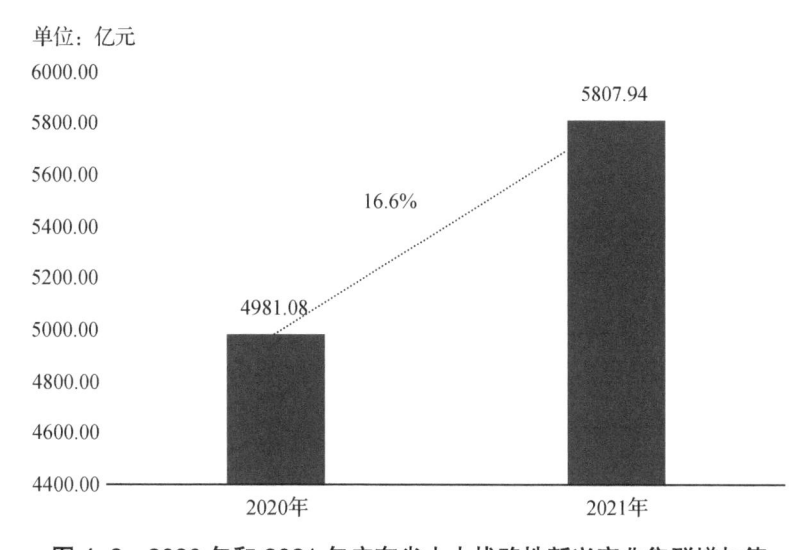

单位：亿元

2020年：4981.08
2021年：5807.94
增长率：16.6%

图 4-3 2020 年和 2021 年广东省十大战略性新兴产业集群增加值

根据广东省在2020年发布的"战略性新兴产业集群行动计划",观察2019年的产业表现可知,数字创意产业以约4200亿元的行业收入居于首位,展现了其在战略性新兴产业中的领先地位。紧随其后的是新能源产业,其收入接近4100亿元,反映了社会对清洁能源和可持续发展日益增长的需求。同时,安全应急与环保产业以约2500亿元的收入规模位列第三,凸显了社会对安全保障和环境保护重视程度的提升(见图4-4)。

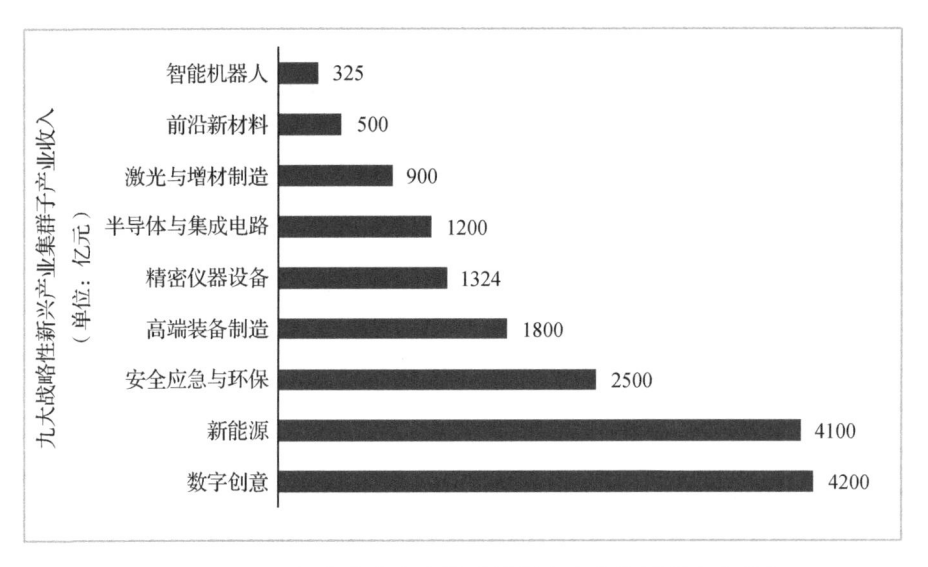

九大战略性新兴产业集群子产业	收入(亿元)
智能机器人	325
前沿新材料	500
激光与增材制造	900
半导体与集成电路	1200
精密仪器设备	1324
高端装备制造	1800
安全应急与环保	2500
新能源	4100
数字创意	4200

图 4-4　2019 年广东省九大战略性新兴产业集群子产业收入

注:区块链与量子信息产业集群的数据未查阅到。

"十四五"期间,广东省凭借技术与产业基础优势,积极在世界新产业、新技术前沿领域进行布局。省内策略聚焦于规划推进未来产业成长,涵盖卫星互联网、光通信与太赫兹技术、干细胞研究、超材料开发等领域。

第二节 湖北省经验借鉴

一、湖北省在产学研协同合作方面的经验

湖北省通过高等教育机构、科研院所与企业的紧密合作，成功构建了以技术创新为核心的生态系统，为产学研深度融合奠定了坚实基础。湖北省深入探索如何使高校和科研机构的理论研究与企业的实践需求紧密结合，通过知识转移、人才培养和科研设施共享，将学术研究成果有效转化为产业应用。为支持这一合作模式，湖北省实施了多项政策措施，包括设立科技创新基金、提供税收优惠以及简化科技成果转化流程。华中科技大学、武汉大学和华中农业大学等高校及科研机构在此过程中发挥了领军作用。例如，华工科技产业股份有限公司与高校及科研机构建立了长期的研发合作关系，合作内容不仅涵盖技术研发，还涉及人才培养和技术转移。这种战略合作极大地提升了企业的技术创新能力，使其在国内外市场取得了显著成就。武汉理工大学则利用其全链条体系推动多项科技成果的成功转化。此外，湖北省教育厅采取多种措施，突出高校在产学研用链条转化中的核心地位，并将高校教师的社会贡献纳入评价体系。

近年来，湖北省高校在科技项目、专利授权和成果转化方面取得了显著成绩，为企业竞争力的提升和地区科技水平的进步做出了重要贡献，推动了就业增长和经济竞争力的提高。未来，湖北省将继续优

化科技资源配置,加强科研成果与市场需求的对接,加速技术商业化进程,并强化高技术人才的培养和引进,以满足未来的创新需求,进一步推动技术创新和经济社会发展。

二、湖北省在促进技术转移方面的经验

湖北省加强了技术转移服务体系,以加速科研成果向实际应用的转化。省内建立了多个制造业创新中心,积极对接光谷科创大走廊和湖北实验室,聚焦工业企业转型升级的技术需求。这些创新中心和平台专注于攻克行业共性技术和研发关键产品,支持企业在研发方面增加投入,推动科研成果的快速转移和应用。

为促进研究成果向实际应用的转化,湖北省采取了以下策略。首先,优化技术转移服务架构,加速省级技术交易市场建设,整合科技创新资源,强化研发机构、高校与企业的协作,打造一站式服务平台。湖北省还完善了技术交易市场体系布局,建立了技术交易分市场,推动技术成果的市场化转化。在科研院所和高校设立科技成果转化分站,发布科技成果目录,促进科技资源的有效流通。其次,建立集中化的科技成果信息渠道,强化科技成果信息的收集、发布和交易,构建省级科技成果信息库,优化"互联网+技术转移"平台,提供精准服务。再次,为企业提供定制化的技术成果,加强企业创新能力建设,并提供多样化的智力支持。同时,设立了湖北省科技成果转化服务中心,强化技术转移的服务支撑。最后,加强开放式、跨区域的技术转移合作。

为确保这些措施的有效实施，湖北省还加强了组织保障，推动多元化资金投入，以构建高效协调的科技创新和成果转化体系，促进科技成果的快速应用和产业化，从而推动湖北省经济社会的全面发展。

三、湖北省在创新型企业培育方面的经验

湖北省采取了一系列措施鼓励和支持创新型企业的发展，特别是中小企业。通过提供财政资助和税收优惠，激发了企业的创新潜能。同时，湖北省实施了人才引育计划和研发机构建设奖补政策，这些政策不仅降低了创新型企业的创业和研发成本，还提供了必要的技术和人才支持，促进了中小企业的成长和创新能力的提升。

1. 创新创业主体不断强化，科技型中小企业数量快速增长

2021年，湖北省拥有10个国家级创新型产业集群，总共汇聚了2352家企业。其中，1097家为高新技术企业，占集群企业总数的46.6%，而科技型中小企业有1208家，占51.4%。在这10个国家级创新型产业集群中，9个集群的科技型中小企业数量的同比增速超过了高新技术企业，显示出科技型中小企业在集群中的快速增长，这成为创新主体培育的一个新亮点。

2. 研发经费支出占比不断提升，创新投入强度高

2021年，湖北省内的10个国家级创新型产业集群中，企业总共投入了86.3亿元用于研发，平均每位研发人员获得了19.9万元的企业研发经费，与上一年相比增长了16.25%。总体来看，这10个国家级创新

型产业集群的企业研发经费支出呈现出增长趋势。

3. 创新人才引进力度不断增强，人才聚集密度大

人力资源是推动创新型产业集群可持续发展的核心要素。2021年，湖北省的国家级创新型产业集群总共聘用了24.5万名员工，其中新增就业人数为1.3万人。在该年度，集群共吸引了10821名高端人才，占从业人员总数的4.4%。特别地，依托于黄石（武汉）离岸科创中心，在先进电子元器件领域成功吸引众多高端人才，如黄鹤英才及湖北省"百人计划"的专家等。此外，仙桃非织造布创新型产业集群引进的高端人才数量占到10个集群中高端人才总引进数的74.8%。这表明湖北省的国家级创新型产业集群在吸引和利用高端人才方面取得了显著成效。

4. 创新成果转化能力不断提升，企业技术竞争力强

2021年，湖北省的10个国家级创新型产业集群中，每个集群平均每万人拥有的有效发明专利数达到了96.9件，相比2020年增长了14.2%。这些集群共产生了84项标准，并实现了约600项技术成果的转化。同年，共提交了2388件发明专利申请，且成功授权了798件。同时，共有2425项技术合同获得认定登记，带来了82亿元的技术合同成交额，平均每项技术合同的成交金额为338.43万元。这些数据表明，湖北省的国家级创新型产业集群在专利创造、技术成果转化和技术合同交易等方面表现出色，显著推动了区域创新和产业发展。

第三节　重庆市经验借鉴

一、重庆市区域创新网络构建

重庆市正积极构建区域创新网络，通过整合高校、科研机构、企业及政府部门等多方创新资源，促进知识和技术的互通共享。依托西部（重庆）科学城这一重要基石，重庆市建立了以"五大创新支撑"为核心的创新体系，显著提升了研发实力和技术转化效率。同时，重庆市积极推动龙头企业、行业骨干企业、高等教育机构和科研院所的深度合作，共建研发联合体，从而加强了区域内的协同创新。

为进一步提高创新网络的密集度，重庆市充分利用核心城市圈的发展动能。目前，成渝地区的创新协同以成都市和重庆市为核心，形成了"核心—边缘"的分布格局，这在一定程度上限制了边缘城市间的创新交流。因此，重庆市致力于构建更为紧密和广泛的创新网络，通过打造都市圈，以成都市和重庆市为引擎，推动周边城市与核心城市的一体化发展，扩大创新的影响力，增加创新的深度。同时，重庆市还关注"中部城市塌陷"问题，力求在创新网络中实现各城市的均衡参与，共同推动区域创新协作。为此，重庆市积极解决地方政府间的利益冲突问题，通过设立协调组织和定期召开领导层会议，建立成渝城市群内部的横向协调机制，促进城市间合作，提高公共服务一体化水平，并建立利益共享机制，避免城市间的恶性竞争。

此外，重庆市还积极创建资源共享平台，实现创新资源的优化配置。由于成渝城市群的创新资源主要集中在成都市和重庆市，重庆市通过建立创新资源数据库和共享平台，有效缓解了资源分布不均的问题，促进了资源向边缘城市的流动。在5G技术的支持下，重庆市利用网络共享平台，在教育、医疗、电子通信等领域实现了资源的虚拟化流通，加强了区域内创新资源的有效利用和整合。

二、重庆市高新技术产业发展

重庆市在推动高新技术产业发展方面，特别注重加大电子信息和生物医药等关键领域的创新与发展力度。通过实行专项资金支持、制定优惠政策以及建立创新平台等多种措施，重庆市积极促进了这些行业的研究与开发及其商业化过程。这些政策与措施不仅增强了当地高新技术产业的竞争力，还为地区经济提供了稳定与健康增长的新动力。党的十八大以来，重庆市全力推进战略科技力量的布局与核心科技资源的集中，成果体现在多个方面。具体成就包括建立了两个省部级共建的国家重点实验室，分别关注超声医学工程和山区桥梁及隧道工程；此外，金凤实验室的建设和投入使用，以及新型研发机构数量的显著增加，都标志着重庆市在科技资源集聚方面取得了显著进展。

在研发投入方面，2021年，重庆市全社会研发经费首次突破600亿元，达到603.8亿元，是2012年的3.8倍，年均增长率达15.9%，高出全国平均水平4.2个百分点。其中，企业、高等院校和研究机构的研发经费投入分别为478.9亿元、58.9亿元和41.2亿元，占全市总量的79.3%、9.8%和6.8%，年均增长率分别为16.3%、14.6%和9.4%，企业和高等院校的增速分别高出全国平均水平4.5个百分点和2.5个百分点。研发经费投入强度从2012年的1.38%提升至2021年的2.16%，提高了0.78个百分点，缩小了与全国的差距，从0.53个百分点减少至0.28个百分点（见图4-5）。

图 4-5 2012—2021年重庆市研发经费及投入强度

党的十八大以来，重庆市在科研队伍建设方面取得了显著成就，通过实施一系列有针对性的措施，有效促进了科研人才的集聚和发展。这些措施主要涵盖安家补助、科研项目支持、经费支持、成果激励等关键方面。特别是针对基础和顶尖人才，采取了多项具有实质性影响的政策。借助"重庆英才计划"的引领，重庆市在吸引和保留人才方面形成了强大的"磁场效应"。从2012年到2021年，重庆市研发人员数量从7.3万人增加至20.2万人，年均增长率达到了12.1%。同时，研发人员全时当量从4.6万人年增加至12.3万人年，年均增长率为11.6%（见图4-6）。这一期间，本科及以上学历研发人员的比例从55.8%提升至66.3%，增长了10.5个百分点。在高层次人才方面，重庆市的中国科学院和中国工程院院士人数从13人增至18人；"国家有突出贡献的中青年专家"人数从62人增至118人；"新世纪百千万人才工程"国家级人选从80人增至130人；享受国务院政府特殊津贴的人员从2429人增至2703人。2021年，重庆英才大会成功引进了3319名紧缺急需人才，相较于上一届增长了82%，创下了历史新高，进一步证明了重庆市在人才政策和科研环境建设方面的成功。

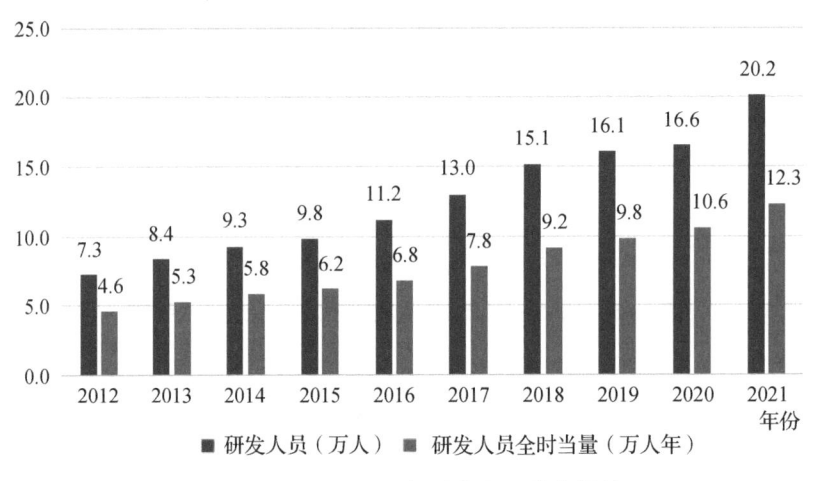

图4-6　2012—2021年重庆市研发人员情况

企业在推动高质量发展方面起着至关重要的作用。2021年，重庆市企业的研发经费投入达到了478.9亿元，占到了研发总经费的79.3%，比2012年增加了2.6个百分点，且高出全国平均水平2.4个百分点。特别是规上工业企业，其研发经费投入为424.5亿元，成为重庆市科技创新的中坚力量。

在规上工业企业方面，2021年有3361家企业开展了研发活动，数量是2012年的6.5倍，年均增长率达到了23.1%。这些企业的研发活跃度达到了46.0%，比2012年提高了34.0个百分点。规上工业企业的研发经费投入增加到了424.5亿元，是2012年的3.6倍，年均增长率为15.4%，高出全国平均增速5.0个百分点。研发经费投入强度为1.54%，超出全国平均水平0.21个百分点（见图4-7）。

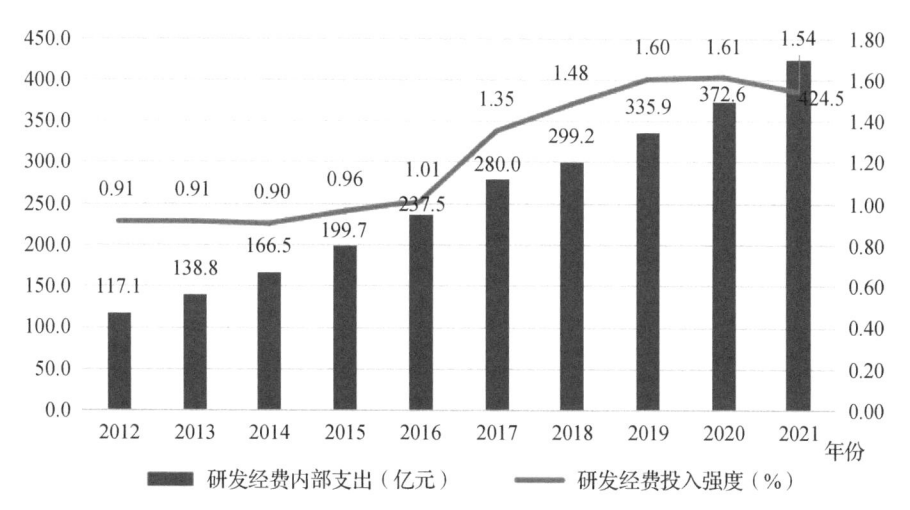

图 4-7 2012—2021 年重庆市规上工业企业研发经费投入及强度

注：研发经费投入强度的计算方式是2019年及以前为研发经费内部支出占主营业务收入的比重，2020年及以后分母为营业收入。

在具体行业方面，汽车制造业和电子产业的发展尤为突出。2021年，汽车制造业的研发经费投入高居各行业之首，达到117.9亿元，占全市研发经费总量的19.5%，在全国该行业研发经费投入中的占比为8.3%；其研发经费投入强度为2.53%，比全国同行业高出0.92个百分点。计算机、通信和其他电子设备制造业的研发经费投入为70.9亿元，位列各行业第二，占全市研发经费总量的11.7%，与2012年相比增长了30倍，年均增速达到了惊人的46.1%。这一数据不仅凸显了重庆市在这些关键产业领域的投入和成果，也反映了其在推动经济高质量发展方面的决心和效果。

党的十八大以来，重庆市在知识产权领域实现了显著进步，致力于建设知识产权强市，全方位提高了知识产权的创造、应用、保护、管理及服务能力。从2012年到2021年，重庆市专利授权数量显著增加，从2.0万件增至7.6万件，年均增长率为15.8%。在这期间，发明专利授权数量从2426件增至9413件，年均增长率达到了16.3%；发明专利在所有授权专利中的比例从11.9%微增至12.4%；有效的发明专利数量从6833件激增至42349件，年均增长率为22.5%；每万人有效发明专利拥有量从2.32件增加至13.21件（见图4-8）。

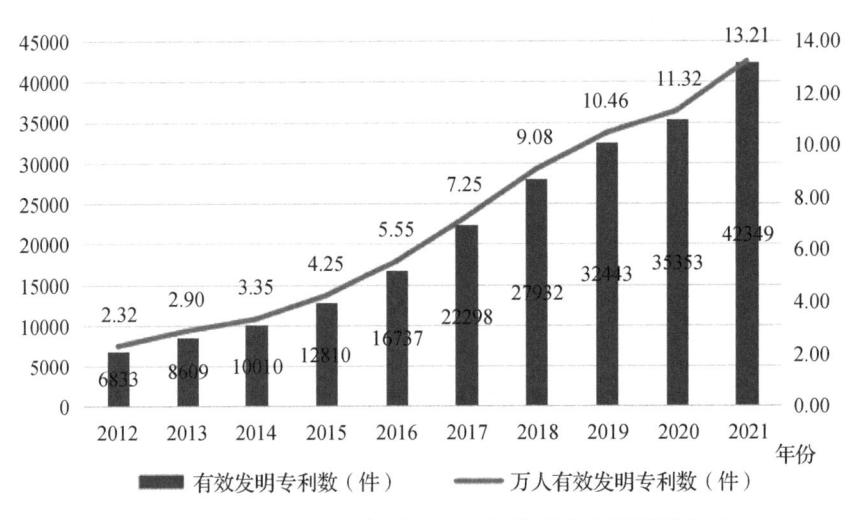

图4-8 2012—2021年重庆市有效发明专利数量及密度

在企业层面，2021年重庆市规上工业企业专利申请数量达到2.2万件，比2012年增长了2.3倍，年均增长率为9.6%。其中，申请发明专利数量为7362件，是2012年的3倍，年均增长率为13.0%。发明专利申请数量在所有专利申请数量中的占比从2012年的25.1%增加到2021年的33.1%，提升了8.0个百分点。

从全社会的专利授权数量和企业的专利申请情况来看，重庆市在专利数量和质量方面实现了双重提升，体现了在知识产权领域的整体进步和发展趋势。这不仅促进了科技创新和知识产权保护意识的提高，也为地方经济的高质量发展提供了有力支撑。

三、重庆市重点领域创新支持

重庆市注重支持具有地方特色的重点领域的创新。这包括对制造业重点产业链进行优化升级。政府通过提供财政资助和政策引导，鼓励企业增加研发投入，推动关键共性技术的研发突破。同时，通过引进高端研发机构和优质科研资源，加大了对重点领域的创新支持，促进了本地产业的转型升级和创新能力的提升。重庆市采取了以下措施来支持具有地方特色的重点领域的创新。

1. 扶持产业技术创新

政府支持企业建立创新平台，鼓励创新企业与行业链上下游伙伴建立创新联盟，并推动企业与高等院校、科研机构合作，共同成立产业技术研究院。这一措施旨在形成产学研合作体系，共同承担市级重点科技创新项目，同时提供一定的市级政府研发资金支持，特别是在新能源和智能网联汽车领域。此外，政府集中力量支持战略性新兴产业的成长、关键技术的攻克及重点技术装备的开发，预计在2021年之后的五年推进约10个市级重点科技创新项目。

2. 发展大数据智能化

政府对达到一定条件并取得关键技术突破的软件企业和机构提供最高达500万元的经济奖励和资助。同时，鼓励制造业企业采用最新一代信息技术，推进"5G+工业互联网"的应用，以及实施智能工厂示范项目，并为此类项目提供财政补贴。

3. 促进区域协同创新

政府支持以大学创新生态圈为中心的区域和园区建设大型科技企业孵化器，设立专项资金引导区县科技发展，并依托科技创新投资平台，支持科技企业孵化和培育。同时，政府倡导成都市与重庆市两地的创新实体跨地区进行创新合作，开展重点科研项目的联合攻关。

第四节　江苏省经验借鉴

一、江苏省强化基础研究与应用研究

基础研究是科学发展的基石，江苏省顺应大科学时代的潮流，鼓励科学家们自由探索，勇于提出并验证创新性的科学假设。通过组织协同攻关，利用人工智能、大数据等先进技术，不仅加强了科学研究，还推动了科研方法的革新。同时，科研工作紧密围绕实际问题展开，

将科学前沿问题与重大应用研究相结合。通过深入探究主流研究方向和基本原理，掌握战略关键领域和技术难题的基础理论和技术原理，为江苏省乃至全国的科技进步提供有力支撑。在推动创新方面，注重原创性、集成性和开放性的结合。以坚韧不拔的精神，推动重大原创性创新，同时注重整体推进，统筹科学研究、人才培养和基地建设的协调发展。通过优化资源配置和布局结构，提升基础研究、产业发展、应用研究、试验开发的转换效能，为江苏省的经济社会发展注入强大动力。江苏省在强化基础研究与应用研究方面实施的策略具体如下。

1. **建设高层次基础研究队伍**

江苏省致力于培养和引进一批战略科学家和顶尖人才，为基础研究提供强有力的人才支撑。此外，通过"青年百人"计划，专门支持具有创新潜力的青年科学家，为他们提供稳定的研究经费和良好的研究环境，鼓励他们在科学研究领域取得更多突破。同时，实施卓越科研人才引培计划，旨在吸引和培养一大批拥有国际视野和创新能力的科研人才，为江苏省的科技创新提供持续动力。

2. **构筑高能级基础研究支撑平台**

江苏省着力打造一批以实验室为核心的战略科技力量，这些实验室将成为推动科技前沿探索的重要基地。同时，通过建设一批重大科研设施，为基础研究提供强大的技术支撑。此外，积极推进实验室联盟的建设，通过资源共享和协同创新，提升科学研究和技术创新的整体水平。

3. **强化高水平大学在基础研究中的主力军作用**

充分利用南京大学、东南大学等高水平大学在基础研究领域的优势，加强组织创新能力，构建跨学科的大型研究团队。同时，加快高水平人才培养体系的形成，推动产教融合，深化校企合作，为产业发展提供科技支撑。

4. 建立基础研究的多元化投入机制

建立既包含稳定支持又包含竞争性支持的资金投入机制，确保财政对基础研究的投入持续增长。此外，设立区域创新发展联合基金，吸引社会资本参与基础研究投入，形成政府、企业、社会多方参与的基础研究投资体系。

5. 提高基础研究的国际化水平

发起国际大科学计划，如"深时数字地球"，积极融入国际创新网络，加强与国际著名大学、研究机构及企业的合作，共建科技合作平台，推动科技联合研究和技术国际双向转移与转化。

6. 打造高品质创新生态

注重基础研究成果的转化，加快科技成果向产业化转化的步伐。推进科技资源的开放共享，加强科技期刊建设，提高学术出版质量，强化科研诚信和科技伦理建设，营造一个健康、开放、共享的科研环境。

二、江苏省在公私合作与产业联动方面的措施

江苏省计划优化和完善其"产业强链"培育机制，以实现创新引领方面的显著进步和整体发展质量的全面提升。通过解决制约产业链自主可控和高效安全发展的关键核心技术问题，江苏省力求推动部分

产业链的竞争力和创新能力达到国内一流甚至国际领先水平，确保在新发展阶段中成为示范和领头羊。此外，江苏省计划采取共建开发园区的模式，不仅限于产业援助，还将拓展至教育、医疗、科教人才和健康养老等多个领域，以促进省内各地区的协同发展和全面提升。为强化产业链，江苏省采取了一系列有力措施，包括成立"产业强链"专班，编制优势产业链图谱，详细介绍各产业链中的关键企业、项目、产品和品牌，为补链和强链工作奠定基础。江苏省还采用分类施策、精准发力的策略，着力补齐产业链短板并锻造产业链长板，同时大力发展战略性新兴产业，打造新的产业竞争力，实现产业升级和核心突破。政府还设立专项资金，针对车联网、高端装备制造等领域推出一系列支持政策和行动方案，加速高技术制造业的成长和扩张。

江苏省合作联动情况如表 4-1 所示。

表 4-1　江苏省合作联动情况

项目	描述
"产业强链"培育机制优化	2023 年，江苏省计划对其"产业强链"培育机制进行优化，力求在创新引领方面取得显著进步，全面提升发展质量
国家级先进制造业集群	力争建立一批具有标杆和示范意义的国家级先进制造业集群
链主企业与隐形冠军企业	努力培育一批具有强大国际竞争力的链主企业和具有巨大潜力的隐形冠军企业
关键核心技术攻关	着重解决制约产业链自主可控和安全高效发展的关键核心技术问题，推动产业链的竞争力和创新能力达到国内一流乃至国际领先水平
全产业链分工协作	基于共建开发园区，按照苏南、苏中和苏北的功能定位和资源优势，推动全产业链的分工协作和优势互补

续表

项目	描述
东西部协作扩展合作领域	将合作领域从产业援助扩展到教育、医疗、科教人才和健康养老等多个领域,以实现全方位的合作和支持
"1+3"重点功能区建设	优化和重构"1+3"重点功能区,促进江苏省区域功能布局的变革,从架构"四梁八柱"转向采取实际行动的阶段
扬子江城市群发展	推动扬子江城市群以高峰城市为引领,促进高原城市的崛起,加强南京市的区域管理功能,提升宁镇扬一体化水平
沿海经济带与江淮生态经济区	建设包括连云港、盐城、南通的沿海经济带和包括宿迁、淮安的江淮生态经济区,推动沿海地区的发展,加速建设现代物流的"金三角"
淮海经济区中心城市——徐州	突出徐州的战略地位,将其打造为淮海经济区的中心城市,加快将城市规划中的"定位"变为实际的"地位"
南北挂钩合作	通过南北挂钩合作,实现经济的互补和共赢,促进南北地区资源协同发展
长三角一体化产业发展基地	共同建设长三角一体化产业发展基地,促进产业协同发展,加强产业互联互通,推动苏南发达城市的产业转移
"产业强链"专班与产业链图谱	成立"产业强链"专班,编制优势产业链图谱,为补链和强链工作提供数据支持,同时通过数字化改造和智能化升级,推动传统制造业的转型

三、江苏省创新生态系统的构建

南京市在构建科技创新体系时,坚持以新型研发机构为主导,注重提升创新主体的核心实力,从而在科技成果转化和推广应用上取得了显著成效。在推动创新合作方面,南京市通过建立"江苏结构优化与智能安全产业院士协同创新中心",引入国际知名专家谢亿民教授,采用"产业前瞻+项目驱动+团队领导"的创新模式,在航空、海洋及桥梁建设等领域的结构优化设计方面取得了重要突破。南京市还积极在全球范围内建立海外协同创新中心,截至2019年,已在全球设立了19个此类中心。这些中心不仅为南京市汇聚了丰富的国际创新资源,还为本地企业提供了便捷的国际交流与合作平台。特别是在江北新区,构建了一个促进海外创新资源整合的网络,为人才和创新项目提供了全方位的服务支持,有效促进了项目和团队的落地生根。南京市构建创新生态的成功,得益于其以新型研发机构建设为核心,强化创新主体能力,并积极融入全球创新网络。通过建立海外协同创新中心,南京市有效汇聚了国际创新资源,展示了其在全球科技创新领域的参与热情和卓越成就。

苏州市不仅以优美的投资环境和宜居的生活品质闻名遐迩,而且以其在人才引进方面的卓越成就令人瞩目。近期,苏州市通过设立"苏州科学家日"这一创新举措,进一步强化了这一优势,以城市之名聚集了各领域的杰出人才。在高新技术企业和上市公司数量上,苏州市亦取得了显著的成就,成为江苏省的领头羊。江苏省科技厅的数据显示,截至2019年年底,苏州市的有效高新技术企业数量达到7052家,占江苏省总数的29.3%,位列全省首位。同时,根据苏州市统计局发布的数据,苏州市的上市公司数量达到153家,也是江苏省之最。这些企业通过再融资有效地改善了自身的债务结构,为其持续发展提供了强有力的资金支持,进一步巩固了苏州市作为创新高地的地位。

第五节　福建省经验借鉴

一、依托地区特色与资源优势

资源型地区的经济主要依赖于自然资源的开采和加工活动，例如矿产和森林资源的利用。这些地区面临的主要挑战包括资源枯竭的风险以及经济可持续发展的难题。在福建省，三明市、南平市、龙岩市，以及平潭综合实验区、漳州市的龙海区和东山县等地，均依赖本地丰富的自然资源来推动经济发展。

为促进这些资源型地区的高质量发展，福建省发展和改革委员会、福建省财政厅、福建省自然资源厅共同发布了《福建省推进资源型地区高质量发展"十四五"实施方案》。该实施方案旨在通过完善区域协调发展的制度和机制，推动资源型地区的经济转型与升级，确保这些地区在面临资源枯竭或市场需求下降时，仍能保持经济的稳定增长。

1. 全面提升科技创新能力

深入推进科技体制改革，优化创新创业创造生态，营造更加开放、公平、灵活的创新创业环境，突出"高精尖缺"导向引才育才，引导人才向资源型地区流动，推动引进和培养一批创新型技能型人才和团队，补齐转型发展的技术和人才短板。实施企业创新能力提升行动，强化企业创新主体地位，促进各类创新要素向企业集聚，加强资源能源开采利用等关键技术和重大装备的研发攻关，提升行业创新发展水平。加大基础研究和应用基础研究投入,发挥中国·海峡创新项目成果交易会等平台创新服务能力,深入推动山海协同创新,鼓励福州、厦门、泉州等沿海城市与南平、三明、龙岩探索创新公共平台建设机制,共建一批创新创业平台和数字经济合作平台,打造一批山海协作创新中心。

2. 加快新旧动能转换

支持龙岩学院、三明学院、武夷学院等高校和科研机构建设省级以上(含省级)重点实验室、工程研究中心、协同创新中心。支持依托机械科学研究总院海西分院、国家海岛研究中心等国家和省级创新平台,进一步提升关键核心技术、重点产品的科技攻关和成果转化能力。推进资源型地区建设工业互联网、物联网、千兆光网和5G"双千兆"网络、大数据、人工智能、智慧交通、智慧能源、智慧海洋等新一代信息基础设施,支持创建一批创新应用平台,对符合条件的示范项目,省数字经济发展专项资金予以倾斜扶持。支持传统资源型企业加速转型升级,建设智能工厂和智慧园区。

3. 提升产业链供应链竞争力

聚焦重点领域与重点产业,强化创新链和产业链关键核心技术攻关与示范应用,持续挖掘和巩固提升比较优势,支持资源型地区结合本地资源等优势积极发展装备制造、新能源、生物医药、氟新材料、石墨烯、稀土、特色现代农业、食品加工、海洋渔业等产业,提升产业链的创新能力和附加值,培育一批新兴支柱产业,建设具有区域特色的产业集群。鼓励资源型地区积极融入全球供应链,支持利用福建对台合作、"海丝"核心区建设等对外交流平台,拓展对外资源能源合作，加快构建自主可控、安全高效的资源能源供应链体系。

4. 推动区域协同发展

支持南平加快建设区域新兴中心城市，三明建设闽西地区区域性中心城市，龙岩建设赣闽粤交界地区区域性中心城市，全面提升承载能力。充分考虑资源环境承载能力和比较优势，支持资源型地区与福州、厦门等中心城市协同发展，主动融入福州都市圈、厦漳泉都市圈建设，对接先进生产要素和创新资源，促进资本、人才和技术等生产要素流动，提升厦龙山海协作经济区、厦明火炬新材料产业园、泉三高端装备产业园、浦城湖里生物专业园等合作园区的发展水平，探索"飞地经济"发展模式，优化产业和城镇空间布局。

5. 推进转型发展

加强资源富集地区就地转化能力建设，提高资源转化能力和综合利用水平，支持三明发展石墨烯产业，构建集采矿－高纯石墨－石墨产品－石墨烯产品为一体的全产业链；龙岩、三明做优做强稀土产业，建设稀土高端应用产业基地；南平、三明、龙岩发展氟新材料。深入实施企业技术改造专项行动，省级技改奖补政策予以倾斜，支持三明、龙岩、南平加快发展与稀土、铜、石墨、萤石、药材等资源精深加工密切相关的新材料、新能源、生物医药等战略性新兴产业，配套发展现代物流、金融服务、工程设计、管理咨询等生产性服务业。支持南平、三明、龙岩加快林产加工业转型发展，鼓励平潭、龙海、东山发挥沙滩等资源优势，大力发展"3S"（太阳、大海、沙滩）滨海旅游，推动机制砂石产业转型升级。推动永定区培丰独立工矿区等独立工矿区改造提升。

6. 促进基础设施提质增效

加快龙岩至龙川铁路龙岩至武平段、兴泉铁路清流至泉州段建设，力争开工建设漳汕高铁、温武吉铁路，推进渝长厦高铁赣龙厦通道前期工作。推进武夷山机场迁建和龙岩新机场前期工作。完善高速公路网，加快莆炎线尤溪至建宁段、永定至南靖高速公路等在建项目建设，开工建设沈海线漳州龙海至诏安段扩容工程、上饶至浦城高速公路福建段、武夷山新区至沙县高速公路、沙厦线大田至安溪支线等项目，争取开工建设建长武高速公路等项目。进一步扩大普通国省道对资源型地区乡镇、产业基地、旅游景区、枢纽节点的连通和覆盖，加强林区公路建设，加快"交通+旅游"融合发展。扎实推进"四好农村路"建设，加强资源型地区通乡（镇）三级公路、连接多个建制村的通村公路"单改双"建设。支持平潭、南平、三明等资源型地区加强港口（内河）建设，完善港口公共服务设施。

7. 深度融入"海丝"核心区建设

结合"丝路海运"品牌建设，支持资源型地区开辟大宗物资铁路运输和海铁联运通道。鼓励龙岩、三明等地矿山机械、化工设备、环保设备和现代农业企业"走出去"，加强与"一带一路"共建国家和地区的投资贸易合作，拓展国际市场。加快武夷岩茶等"福茶"品牌建设，持续推进"海丝茶道"重点工程建设，支持武夷山积极参与申报"万里茶道"世界文化遗产，策划开展系列经贸文化旅游活动。支持平潭拓展与"海丝"沿线国家和地区的港航合作，完善港口集疏运体系。

8. 提高资源型地区对外开放水平

深入推进"放管服"改革，以信息化为支撑，聚焦市场有效、政府有为、企业有利、群众有感，不断优化营商环境。支持资源型地区结合本地实际积极融入长江经济带发展、粤港澳大湾区建设、长三角一体化发展等区域重大发展战略，积极承接粤港澳、长三角等发达地区的产业，建设产业转移承接基地。

9. 加强对台交流合作

深化闽台经贸合作，提升海峡两岸（三明）林业博览会、海峡两岸机械产业博览会等两岸重要涉台经贸展会功能。加快漳平、清流国家级台湾农民创业园升级发展，推进建设永安、邵武、上杭、平潭闽台农业融合发展产业园，建设台湾青年就业创业基地。积极探索两岸融合发展新路，支持三明创建海峡两岸乡村融合发展试验区，发挥两岸共同家园论坛、武夷山朱子故里国家级海峡两岸交流基地作用。

二、优化创新创业环境

实施优质创新企业培育行动，每年筛选出一批具有创新潜力的龙头企业、"独角兽"企业和"瞪羚"企业，并向这些企业提供全面支持。省级相关部门和地方政府对这些企业在项目支持、政策扶持、资源保障和服务跟踪等方面给予特别关注，以确保它们能够迅速成长。为鼓励更多企业增加研发投入和加速科技成果转化，对新认定的国家级专精特新"小巨人"企业和省级专精特新中小企业进行奖励。对于在研发支出和重大科技成果转化方面做出显著贡献并实现产业化的企业，按规定提供补助，支持它们的技术创新和产业升级。在培育人才的过程中，鼓励行业领军企业及核心企业与高校及研究机构建立紧密的合作关系，共同创建人才培训基地。通过实施产学研协同培养模式，培育更多的创新及应用型人才，增强企业的技术创新能力，推动企业持续发展。

1. 优化企业开办服务

通过优化开设银行账户的程序，并采用在线银行预约开户服务，使企业更便捷地管理其财务活动。实行"一报多用"改革，简化年度报告提交流程，有效降低企业的行政压力。同时，对某些许可或备案的变更流程进行简化，并尝试实施"即来即办"的服务模式，以减少企业在办理相关手续时的时间和资源消耗。推广企业住址（经营场所）的统一登记和在线办理平台，使企业的信息更新可以在线完成，提升处理速度和企业的满意度。

2. 提升投资建设便利度

推进社会投资项目"用地清单制"改革，统一进行联合审查、现状普查，探索实行"统一受理、同步评估、统一反馈"的运作模式，简化审批程序并提升审批效率。深化"多测合一"改革，加快统一地方相关测绘测量技术标准，实现同一阶段"一次委托、成果共享"，避免对同一标的物重复测绘测量。推行工程建设项目联合验收"一口受理"，为企业提供更为便捷的服务，避免企业因多部门审批而来回奔波，有效节省时间和资源。

3. 提升大学生创新创业能力

将创新创业教育融入高校人才培养全过程，健全课堂教学、自主学习、结合实践、指导帮扶、文化引领融为一体的高校创新创业教育体系。实施大学生创新创业训练计划，开展创新创业培训。实施高校教师创新创业能力和素养提升计划,完善高校"双创"指导教师到行业企业挂职锻炼的保障激励政策,将高校教师指导创新创业、推进创新创业成果转化等工作业绩纳入学校绩效考核。实施高校"双创"校外导师专项人才计划,探索实施驻校企业家制度,为学生提供更丰富的行业经验与专业指导。

4. 推进创新创业平台建设

大力支持高校之间、高校与企业、高校与地方、高校与科研机构的合作,共同建设创新创业实验室、创新创业园、创新创业基地以及创新创业实践教学基地等。创建一批具有国际水平的国家级创新创业学院和创新创业教育实践基地,进一步推动创新创业教育的发展。加快建设海峡两岸融合发展和创新创业创造中心,为两岸的创新创业交流搭建平台。对于符合条件的企业,鼓励建设产教融合型企业试点,并确保政府投资开发的创业孵化器、众创空间等创业载体为创新创业提供充足的场地。这些场地将至少免费提供30%的面积,以支持更多的创新创业项目。

5. 加强创新创业宣传引导

依托福建"24365"大学生就业创业服务平台和"福建省毕业生就业创业公共服务网",做好创业扶持政策、产业激励政策、创业信息的发布和解读工作,确保大学生能够及时获取到相关的政策信息和行业动态。同时,及时将创新创业教育优质资源、行业需求等信息推送给大学生,帮助其更好地了解市场和行业趋势。为了促进高校毕业生就业创业,实施普通高校毕业生就业创业促进行动,加强校地、校企之间的合作,促进就业创业供需对接。积极培育和选树大学生创新创业的典型经验，组织遴选一批优秀的案例和成果，并及时总结推广，以激发更多大学生的创新意识和创业精神。

6. 促进创新创业成果转化

鼓励建立专业的技术转移机构，加强科技成果转化培训，以确保科技成果能够更好地转化为实际应用。同时，加强知识产权的确权和保护工作，为科技成果提供全面的法律保障。为了拓宽成果转化渠道，在相关行业企业推广创新创业成果，为这些成果的转化提供全链条的服务。对于在技术转移工作中取得显著成效的机构，给予相应的奖励，以激励更多的机构积极参与科技成果转化工作。对于创业企业购买重大科技成果并落地转化的项目，根据技术交易额进行择优补助，以支持创业企业的发展和科技成果的推广应用。此外，支持各地积极举办创新创业项目需求与投融资对接会，为创业团队提供与投资人、企业等对接的机会，促进项目与资本的有效对接。最后，建立健全创新创业成果对接机制，支持创新创业团队参与项目成果对接会，为其提供更多的展示和合作机会。

7. 提升创新创业服务水平

提升企业开办服务能力，向创业者们提供更加高效和方便的注册流程，减少手续，加快服务速度。将地方的科研设施如实验室、科研工具及其他科技资源向大学生开放，并以非营利性原则收取合理的使用费，方便大学生更好地学习和开展科研工作。同时，鼓励企业依托自身资源，打造融合研发、孵化、投资等功能的创新创业培育中心、互联网"双创"平台、孵化器和科技产业园区，为大学生提供一体化的创新创业辅导与服务。鼓励将政府资助形成的科技成果授权给符合条件的创新企业使用,降低在专利技术上的门槛,推动科技成果的实际应用和商业化。支持企业针对大学生公布具体的需求,促进其朝着市场和企业需求的方向进行创新创业。同时,鼓励国有大型企业提出技术创新需求,开展"揭榜挂帅"活动,以激发更大的创新动力。

8. 落实创新创业财税扶持政策

提供专业的税务服务,给予更强大的支持。对于在毕业年度内从事个体经营的高校毕业生,如果满足一定的条件,在三年内逐步减免应缴的增值税、城市维护建设税、教育费附加、地方教育附加和个人所得税,从而减轻其经济压力,帮助其更好地进行创新创业。对于小规模纳税人,实行增值税免征,以降低税负,鼓励创新创业。同时,对于符合条件的国家级、省级科技企业孵化器、大学科技园和国家备案的众创空间,免征增值税、房产税、城镇土地使用税,促进这些机构的发展,创造更好的创业环境。通过建立精准支持机制,加强对高校毕业生的税务服务。探索建立政府股权基金投向种子期、初创期企业的容错机制,支持符合条件的私募创业投资基金按规定享受税收优惠,鼓励辖区私募基金积极投向大学生创新创业项目。

9. 加大创新创业普惠金融支持力度

鼓励金融机构按照市场化、商业可持续原则对大学生创业项目提供金融服务。为了支持高校毕业生的创业活动,实行创业担保贷款贴息政策。那些获得创业担保贷款的个人和小微企业,根据政策可以获得贴息支持。对于还款记录良好、有强大就业推动力和出色创业项目的借款人和小微企业,可获得不超过三次的创业担保贷款贴息。

三、跨区域合作与开放发展

积极推动闽东北和闽西南地区的共同进步，通过改善制度和机制，共同推进重点项目建设和公共资源共享。加强在产业配套、生态保护以及社会管理等方面的合作，促进这两个地区的良性互动，并逐渐建立以福州和厦漳泉都市圈为核心的区域发展模式，带动周边地区的协同发展。在城市空间规划方面，福建省积极实施"两极两带三轴六湾区"的发展策略，并日益凸显核心城市的引领作用。福州和厦漳泉都市圈建设步伐加快，城市集聚效应逐步增强，海岸线城镇连片发展，山区城镇点状集聚，城镇规模和结构不断优化，行政区划日臻完善。在基础设施建设方面，福建省致力于推进城乡一体化进程。目前，已实现全省城市间动车互通、各县高速公路通达、各镇主要道路联通以及村村通客车服务。特别是福州、厦门等城市迈入"地铁时代"，显著提升了交通便捷性和效率。在公共服务方面，福建省不断拓展基本公共服务在农村地区的覆盖范围。城乡供水一体化工作全面推进，三级医疗服务体系不断完善。同时，生产要素的自由流动渠道得到进一步畅通，有效激发了农村经济的活力。

1. 创新两大协同发展区建设机制

通过新时代山海协同工作，以福州和厦漳泉都市圈为推动力，引领闽东北、闽西南两大协同发展区建设。这些区域致力于体制和机制创新，完善和更新相关政策，建立项目监督和服务体系，确保发展项目有效实施，增强区域协调发展的动力。同时，强化部门间的协商协调，持续举办区域与行业合作活动，通过互动和共学的方式，加强产业合作，拓展合作渠道。重点加快建设两大协同发展区的内部与外部连接通道以及关键的区域枢纽项目，打造快速、高效、便利且安全的综合性交通网络。此外，通过推动产业项目的配套合作，优化产业布局与项目之间的互动，建立基于互补优势的产业发展体系。在公共服务领域，努力实现资源的共建共享，支持跨地区的教育和医疗服务，以及教师与医务人员的跨地区交流，推进教育、医疗等公共服务的一体化发展。同时，加强对生态环境的协同保护，改善生态补偿机制，共同应对区域环境污染问题，并共享生态环保设施。为了促进区域之间的联动发展，鼓励经济较发达地区支援经济欠发达地区，建立包容性发展支持机制及差异化的政策支持体系，加速缩减欠发达地区在产业发展、基础设施建设、公共服务等方面与发达地区的差距，从而推动全省经济社会的均衡发展。

2. 创新两大都市圈协同发展机制

通过激活福州和厦漳泉两个都市圈的动能，推进闽东北和闽西南的区域建设，以实现省内各地区的协调发展。这一策略包括加快建设两个都市圈的基础设施，利用福州与厦门这两个核心城市的引领作用和影响力，快速推进两个都市圈的成长。此外，快速打造一体化的城际交通网络，形成一个高效的"1小时通勤圈"，紧密连接福州都市圈与厦漳泉都市圈。同时，将福州和厦门的地铁网络延伸到周边小镇，扩展城市发展边界，确保优质公共资源的均等分配。

进一步，加强两大都市圈的区域创新生态系统建设，快速培育创新型城市和园区，专注于发展福州、泉州、厦门片区的福厦泉国家自主创新示范区,以促进沿海和内陆中心城市及科创中心的发展,建立一批有区域影响力的专业化创新产业园区。通过推进福州、厦门、泉州、漳州等地的"未来科学城"建设,与福厦泉科技创新走廊相融合,整合区域内的创新资源,如科研机构和技术转移中心,共同促进技术创新,从而提升两大都市圈的整体创新实力。

同时,强化两大都市圈在生态、农业、旅游等领域的协作,建设绿色产业合作网络,发挥两个都市圈在各自特色产业中的相对优势,提升两个都市圈在绿色经济和文化旅游方面的发展水平,推动先进制造业高质量发展,创建产业升级和劳动力转移的协作机制。通过引导劳动密集型产业向山区县迁移,促使合作模式从单纯的产业转移向创新成果转化演变,促进数字经济、海洋经济以及新能源、新材料、智能制造等战略性新兴产业的协同增长。

3. 优化提升城镇化协调发展机制

在城市更新和社区改造的背景下,着力推进以县城为载体的新型城镇化,实现大中小城市和小城镇之间的协调发展。目前省级城镇化规划正朝着更加优化和高水平的方向演进。依据"两极两带三轴六湾区"的空间布局策略,加速推动福州都市圈与厦漳泉都市圈的一体化发展。"两极"发展不仅平衡了沿海和山区的发展,还开辟了全省城镇化的新路径。为进一步推进城市街区和社区的更新,重点投资于老旧街区和社区的改造,树立改造典范,改善居民生活条件。同时,优化城市社区管理,全面改善社区公共服务和安全设施,包括提升社区设施的环保化、数字化和智能化水平,打造宜居宜业的生活环境。通过街巷微整治、空间微改造和景观微更新等精细措施,激发城市社区和街道的活力，营造更加舒适、充满生机的居住环境。

在中小城市和小城镇的发展方面，加快推进以县城为载体的城镇化，通过实施"大城关"战略，促进县城人口、产业和功能的集聚，同时推动沿海和山区城镇的产业发展，加强产业、城镇和居民的融合，提高县城的承载和管理能力。对小城镇实行特色化、集约化和现代化的分类指导，鼓励具备地理和资源优势的小城镇向专业功能镇发展，例如先进制造、交通枢纽、商贸流通和文化旅游等领域。另外，为支持乡村振兴，进一步完善乡村基础设施建设，为乡村经济的可持续发展提供坚实基础。

第五章
推动广西规上工业企业研发机构大幅增加的总体思路

第五章　推动广西规上工业企业研发机构大幅增加的总体思路

第一节　主要目标

广西要以六大目标为指引，以八项原则为基石，以六种发展模式为路径，全面加速规上工业企业研发机构的建设与发展。通过创新驱动，将广西工业企业研发提升至新的高度，从而促进区域经济高质量增长。

一、企业研发投入提高目标

在推进广西工业企业提升研发投入的过程中，需制定完善且具体的路线图和战略，确保目标的持续性和质量。其中，首要关注点是规上工业企业的研发投入应占年营业收入的3%以上，这对激励企业加大研发投入至关重要，能够奠定技术创新与产业升级的基础。力争到2025年，研发机构的覆盖率达到或超过20%，并为更多企业提供建立自身研发机构的机会，使其积极参与各类创新活动。此外，每年引进至少3名高层次研发人才，这有助于提升企业的创新能力和竞争力，驱动其在科技领域有所突破。

二、技术突破与知识产权目标

针对广西工业企业在技术突破与知识产权方面的目标，推出了一系列的培育计划，以瞄准关键和通用技术，确保企业在关键技术领域有足够的竞争力。计划主要集中于支持10项关键技术的研发，预计在2022年之后的5年内有显著突破。同时，积极参与国际技术标准的制定，使广西工业企业在行业标准方面达到国际先进水平，预计在2022年之后的3年内共同制定或参与制定10项国际技术标准。另外，为保障技术成果的自主知识产权，鼓励企业加大知识产权的申请和保护力度。为此，制定了每年至少申请100项专利的目标，并预计在2022年之后的5年内积累至少500项自主知识产权。为确保技术突破为实际生产和市场提供关键的支持，还计划积极推进科研成果的产业化转化。每年设定的目标是至少5项重大科技成果成功转化为新产品或新技术。为确保企业的知识产权得到充分保护，计划建立完善的知识产权保护体系，采取如完善法律法规、加大执法力度、提供知识产权咨询等相应的措施。

三、创新生态建设目标

规划一套全面的创新生态文化，旨在通过具体的策略和措施促进广西规上工业企业研发机构数量的增长。首先，在产学研协同方面，争取每年与至少3家高校和研究机构建立稳固的合作关系，设立2个联合研发中心和技术创新平台，推进10项以上的科研项目和技术成果实现转化。其次，在技术交流方面，争取每年至少举办5场研讨会、3次技术工作坊活动和2场大型行业会议，以搭建开放互动的交流平台，连接不同领域的专家学者，激发创新思维和探寻解决方案。另外，还希望进行创新环境的优化，逐年改善政策制定，加大资金投入力度，简化市场准入程序。例如，每年为创新型企业提供500万元的税收优惠和2亿元的研发补贴基金，同时简化50%的行政程序和市场准入流程，以激励更多的企业投入到科研创新中。

四、国际合作目标

国际合作在推动广西工业企业研发发展中扮演关键角色，为此广西设定了明确的目标：每年策划并执行至少5个国际研发合作项目，其目的在于引进全球先进的科技及资源，以催化本地研发成果的应用和转化。为实现此目标，广西制定了适应性的战略。首要行动是达成稳定的合作关系，最少与3所全球前沿的高等教育院校及研究机构、2家领先企业建立长期的伙伴关系。这将提供先进的研发工具和技术，以及国际交流和培训机会，以培养本地科研人才，同时为广西工业企业提供将产品和服务出口到国际市场的可能，也即协助它们获得全球化的机会。其次，为了引入国际投资资金以支持广西工业企业的研发工作，计划在未来每年引进至少1亿元人民币的外资，以维持企业的财务稳定，从而可以持续投入创新。此外，广西工业企业也将以最少参与3项国际标准制定及4项技术交流活动为目标，积极参与全球范围内开展的科技活动。广西期望企业通过参与这些活动，能够更深入地了解各国市场的需求及动态，并保证其产品和服务达到国际标准和要求。期望通过以上战略的实施，能使广西工业企业的创新资源配置效能及市场拓展能力得到有效增强，提升其在国际市场上的竞争力，促进科技成果的国际转移和本地应用,从而为广西地区的经济发展和深度融入全球化做出一定贡献。

五、绩效评估目标

在规划全面的研发机构绩效评估体系时,广西设定了明确的目标。针对研发投入的规模和构成,广西计划将资金投入提升20%,并重新分配投入,实现70%的资金用于核心技术的研究,20%投向新产品开发,余下10%引导到基础研究中。为提升项目研发效率,计划将单个项目的研发周期缩短至原先的80%。针对研发成果的商业化能力,广西希望研发项目中至少有一半能成功转化为市场可行的产品。广西也将确保研发活动的连续性作为重要目标,制订了每个季度至少开展10个研发项目的计划。为保持评估的连续性及动态性,计划每个季度进行一次评估,并在研发过程达到关键节点时进行阶段性评估。在评估方法上,广西决定融合第三方评估和自我评估,计划每年至少进行两次第三方评估,并在每个季度进行一次自我评估。所有这些明确的绩效评估目标都是为了确保每笔研发投入都能产生最大的创新价值,从而为企业的长期发展和市场竞争力的提升提供坚实的支撑。

六、人才引进与培养目标

为提升广西工业企业的研发实力和市场竞争力,广西设定了明确的人才引进与培养目标。首要策略为每年至少引进3名具备国际视野和丰富经验的高级研发人才，优先考虑关键技术领域的领先者，特别是新能源汽车、高端装备制造、前沿新材料三个产业发展急需的人才。此外，为吸引顶级科学家和工程师，广西计划与3所国内外知名高等院校、2个研究机构以及5个行业领先企业建立紧密合作关系。针对现有人才，广西将实施全面的培训和教育计划，包括开设10个内部技术研讨会、参与5个国内外专业培训和会议，以及提供2个在职教育和学位提升项目。为进一步激发员工的工作热情和创新动力，广西还将实施一套人才评价和激励机制，包括颁发5种不同类别的研发成果奖，并制定3个方面的职业发展规划，采纳绩效与激励相结合的薪酬体系。通过这些综合措施，广西旨在引进和培养高水平的研发人才，显著增强广西工业企业的研发能力和市场竞争力，为地区经济发展和技术创新做出重要贡献。

第二节　发展原则

一、分类推进原则

为促进广西规上工业企业及国有企业自主建立研发机构，并推动瞪羚企业、高新技术企业以及科技型中小企业通过合作建设或共享资源方式实现技术协作，广西采取了一种多层次、多维度的分类推进策略。该策略旨在支持企业依托现有研发平台，创建创新驱动的国家级和自治区级创新平台，同时强调与全球先进科技接轨，目的是全面增强广西的创新能力和产业竞争力。在此策略下，对于资金雄厚且管理体系健全的规上工业企业和国有企业，鼓励它们自建研发机构，并通过政策扶持与指导，加强其与全球领先研发机构的合作，加快国际先进技术的引进及吸收。对于那些创新能力强且市场发展潜力大的瞪羚企业和高新技术企业，鼓励它们联手其他企业或研究机构，采用共建或合作方式，以实现资源共享和互补，提高研发效率，增加研发成果。科技型中小企业是区域经济创新发展的关键力量，该策略提出为其提供专业的技术服务和管理指导，支持它们利用现有研发平台加快技术创新和产品升级。同时，鼓励这些企业积极参与建设和申报国家级、自治区级创新平台项目，以增强其创新能力和市场竞争力。

二、资源共享原则

在广西，一个创新的风潮正通过资源共享而蓬勃发展。资源共享不仅是推动地区工业企业研发实力提升的关键策略，也是激发科技创新与产业升级的核心动力。通过精心设计的措施，包括建立研发资源共享服务平台、推动科研资源的开放、提供全面的技术服务、完善创新链条和生态系统，以及营造优质的建设环境，广西在科技创新与产业升级方面正取得显著进展。其中，核心措施在于建立研发资源共享服务平台，它不仅作为工业企业、科研机构与高等院校之间信息与资源流通的枢纽，利用先进的通信技术实现科研设施、数据资源、研发人才的即时共享与交流，还为各创新主体提供了一个共同进步的开放平台。这一平台的建立极大地加速了信息的流动和资源的优化配置，促进了知识和技术的互联互通。紧随其后的是推动科研资源的开放，鼓励企业开放研发设施和专业数据库，这不仅促进了资源的共享，也提高了企业尤其是中小企业的研发效率和能力。同时，提供全面的技术服务，如研发相关的检验检测、咨询指导，帮助企业解决研发过程中的技术难题，提升产品质量和市场竞争力。此外，通过完善创新链条和生态系统，广西正促进创新资源的有效整合和利用，这不仅提高了资源利用率，而且促进了工业企业之间的创新合作和技术协同，推动了产业升级和经济发展。最后，通过营造一个低成本、高效能、强关联的建设环境，大大降低了企业尤其是中小企业的研发门槛，激发了广西整个区域的创新活力和潜力。

三、注重实效原则

注重实效原则即致力于激发广西工业企业的创新活力，特别是保障企业作为创新主体的持续高效运作。核心目标是促进企业成长与提高政务服务效率。这要求立足于企业和公众需求，以提升办事效率为目标，简化政务流程，采用创新模式和数字技术推动服务多样化和流程优化，从而便利企业和公众，激发经济和社会发展的活力。具体措施包括加强政务服务渠道建设、深化政务服务模式创新，以及强化政务服务数字赋能，旨在提供更加高效、便捷的服务，实现政策的"免申即享"。在广西，注重实效成为推动工业企业创新发展的核心，尤其是确保了企业作为创新活动主体的持续高效运转。通过资源导入、平台构建、机制创新及政策保障等综合措施，广西不仅激发了企业的创新积极性和主动性，还促进了企业创新能力的全面提升，共同构建了一个促进企业创新的良好生态。广西尤其降低了中小企业的创新门槛，加速了企业创新项目的实施，提高了企业特别是中小企业的创新能力，激发了整个区域的创新活力和潜力。税收优惠、财政补助等措施激励了企业创新，知识产权保护等措施保护了企业的创新成果，同时创新大赛、科技论坛等活动进一步激发了企业的创新热情。

四、创新导向原则

创新是企业发展的核心动力，创新导向原则强调将创新需求放在企业研发机构建设的中心位置。它要求企业紧密围绕市场需求和长远发展战略来建立和运营研发机构，确保研发活动具有前瞻性、实用性，并能快速响应市场变化。这一原则鼓励企业将创新作为其发展的核心理念，通过科学的研发管理和快速反应机制实现快速创新和应变。企业被鼓励与客户、供应商、研究机构等合作伙伴共同开发新技术和新产品，构建一个开放、协作的创新生态系统。此外，通过灵活多样的研发策略和方法，优化资源配置，提升研发效率和成果转化率，在激烈的市场竞争中不断寻求创新。企业与合作伙伴的这种合作不仅能加速技术的市场化进程，也能提升企业的创新能力和市场适应性。为此，提供技术咨询、人才培养和政策指导等多方面的支持变得至关重要，以帮助企业构建一个开放、协作的创新生态系统。

五、合作共赢原则

在全球经济一体化的趋势中,合作共赢对于科技进步和产业发展具有至关重要的作用。对于广西地区的企业而言,合作共赢强调不同主体之间建立互利的合作模式。通过这种模式,企业、高校、研究机构联合探索新技术和新产品的开发,实现资源共享和优势互补。这不仅提升了各方的创新力和市场竞争力,还推进了整个行业乃至国家经济的发展。为了达成这一目标,关键是构建一个多方参与、互利共赢的平台,在这里知识和技术得以自由交流,资源能够有效共享。在这种开放环境下,参与方可以贡献自己的资源、市场通路和管理经验,共同提升研发效率,并加快产品的市场进程。这种合作不仅是资源交换的过程,更是智慧融合的过程,让合作伙伴在面临市场挑战时能够更加从容地应对。更进一步,这一合作模式还强调围绕市场需求和行业趋势进行研发,共同孕育创新技术和产品。这样的努力不仅加快了创新的节奏,提升了研发成果的适用性,也促进了合作各方的共同成长和产业链技术的整体进步。为了保障合作关系的稳固性和长期性,合作共赢原则还特别强调企业之间建立互信和长期利益共享的伙伴关系,这需要在合作过程中不断增进交流与沟通,共创和谐稳定的合作环境。此策略可以为广西乃至整个国家的经济发展注入新的动力。在全球经济一体化的大背景下,合作共赢将成为推动区域经济发展的重要战略,为企业乃至整个地区带来持续的发展动力和广阔的发展前景。

六、持续改进原则

持续改进作为一种关键的管理理念，被推崇为企业实现长期发展和维持竞争优势的基石。这一理念的目标是通过不断优化研发流程、提高研发效率与效果来提升组织的效率、质量和创新能力。政府鼓励企业采用客户导向的策略，满足内外部客户的需求，同时倡导全员参与和数据驱动的决策。此外，不断学习新的知识、技术和方法，优化内部流程，并培养创新思维，是实现持续改进的关键要素。政府还强调持之以恒地追求卓越，确保企业的研发活动能够持续产生创新和价值。为落实持续改进，政府倡导企业引入先进的研发管理模式和技术，包括简化流程、提高流程的灵活性和适应性，以保证研发活动的高效有序进行。同时，通过采用现代化的研发工具和方法，如敏捷和精益研发，企业能够显著提升研发效率和产品质量。政府还鼓励企业充分利用数据分析、人工智能等先进技术，以增强研发活动的精准性和创新性。建立定期评估机制，以及时掌握研发活动的实际效果，发现并解决问题，进行及时的调整和改进，这构成持续改进原则的核心。最终，政府支持企业建立一个鼓励持续改进的文化和机制，重视长期的改进和创新。通过持续的学习和实践，企业能够不断提升其研发能力，维持长期的竞争优势，进而促进整个行业乃至国家的持续发展和技术进步。

七、风险管理原则

在广西推进规上工业企业研发机构数量大幅增加的战略中，风险管理原则扮演着至关重要的角色。这个原则强调在企业的创新和发展过程中，采取前瞻性和系统性的方法来识别、评估、监控和应对各种潜在风险，确保研发活动的稳健进行和持续创新。它要求企业不仅要在技术创新上持续投入，也要对内外部的市场变化保持敏锐的洞察力，及时调整研发战略和方向，以适应快速变化的市场需求和技术进步。这一原则引导企业在成长的每一步都考虑到潜在的风险，确保每项研发活动都围绕可持续发展这一核心进行。它鼓励企业通过与高校、研究院所的合作，吸引和培养顶尖科研人才，同时，也强调为这些人才提供不断学习和成长的空间，以此来提升企业的技术水平和市场竞争力。在这个过程中，企业不仅要积极探索新技术、新方法，还要不断评估和管理与之相关的风险，确保研发方向和策略能够灵活调整，以应对市场的变化。这种方法帮助企业在创新的道路上稳步前行，同时也保障了企业和行业的健康发展。通过这样的风险管理，广西规上工业企业不仅能够在技术创新上取得显著成就，还能在全球经济一体化的背景下稳健发展，为广西乃至整个国家的经济发展贡献力量。随着时间的推移，这一原则将继续引导企业不断前行，推动广西乃至更广范围内的产业升级和经济增长。

八、科学合理原则

在政策制定初期，应充分调研新型研发机构的实际需求。在政策制定过程中，一方面要倾听新型研发机构的意见，并建立专门的沟通渠道；另一方面应邀请专家学者对政策提出有针对性的建议。考核指标不应依赖单一标准，建议结合定量和定性指标，并在符合科研周期的基础上设定考核周期，着重评估产业发展贡献和科技成果转化的投资回报率。

政府应为新型研发机构的重大科研项目设立专项项目组，选派符合条件的人员加入项目组，全面负责科研项目的监督管理，及时收集、反馈并解决项目组的需求，项目完成验收后解散项目组。对已进入正轨的新型研发机构，政府应设立退出机制，进一步赋予其在科研、人事和资金管理方面的自主权。

第三节　发展模式

一、企业独立建设模式

在这个数字化飞速发展的时代，一种被称为企业独立建设模式的策略，以其独到的战略眼光和灵活多样的运营方式，正成为推动大数据和人工智能产业迅速成长的重要动力。这一模式深刻体现了企业对自身核心技术和市场定位的精准把握，同时也展现了对未来数字经济发展趋势的深远洞察。在这一模式的指导下，企业通过自主投资、建设及运营，积极搭建智算中心，旨在打造一个高效的数据处理和智能分析平台，抓住数字化转型的先机。企业独立建设模式赋予了企业根据自己的战略规划和市场需求，自行决定项目投资规模、技术路径和运营策略的自由。这种模式的最大好处在于其高度的自主性和灵活性，让企业能够快速响应市场变化，及时调整发展策略，确保项目始终具有竞争力。然而，这也要求企业必须具备出色的投资和风险管理能力，确保项目能够平稳运行，实现既定目标。虽然企业独立建设模式具有众多优势，但同时也伴随着不小的风险和挑战。企业需要自行承担全部投资，对其资金实力提出了更高的要求。此外，准确的市场定位、持续的技术创新和人才培养也是保持项目竞争力的关键。例如，京津冀大数据智算中心便是这种模式下的杰出例证，它不仅展示了企业独立建设模式的特征，而且彰显了区域协同发展的巨大潜能。该中心聚合了政府和企业的力量，旨在构建一个区域性的大数据和人工智能创新高地。通过资源整合，不仅加速了区域内的技术共享和合作，也推动了产业的聚集发展，为地区经济转型升级提供了有力支撑。而长沙5A级智能计算中心则展现了企业独立建设模式在追求高标准建设方面的卓越实践。由科技领军企业独立打造的这一中心，以其前沿的计算技术和高效的管理运营，成为智能计算的标杆，不仅极大地提升了计算效率，还推动了智能技术在更广泛领域的应用，为当地乃至全国的智慧城市和数字经济建设贡献了力量。

二、产学研合建模式

在广西，一种新的模式正在悄然兴起，它以跨界合作和资源整合为标志，将不同领域的智慧、技术和资本融合在一起，释放出强大的创新协同效应。这种模式让企业能够直接借助高校的科研力量和获得科研机构的技术支持，加速了技术研发和产品创新的步伐。同时，这样的合作也使高校和科研机构的科研成果能迅速转化为实用的产品和服务，实现了科研成果的商业价值。更重要的是，这种模式还培育了创新型人才，构建了一个充满活力、互助互利的创新生态圈。虽然这种产学研合作模式拥有众多优势，但在落地实施的过程中也遇到了不少挑战。如何平衡各方利益、合理分配知识产权，以及如何协调各方的工作节奏和保证项目质量，都是需要仔细斟酌的问题。因此，建立一套完善的合作机制和明确的合同体系，确保每个参与方的权利和责任都得到清晰界定，成为高效合作的关键。同时，标准化的项目管理和质量控制流程也是确保合作成效最大化的必要条件。这种产学研合作模式不仅是一种资源共享和技术创新的方式，而且是推动知识转化、培养创新人才的重要途径。通过这种模式的实践，推进了技术创新和产业升级，最终实现了可持续发展的目标。在广西，这种模式已经展示了其巨大的活力和成效。例如，广西-ASEAN新材料研发中心就是企业、高校和科研机构合作的典范，通过集中优势资源攻关新材料关键技术，不仅在科研上取得了进展，而且在推动产业升级和地区经济发展上发挥了重要作用。又如广西智能制造产业技术研究院，这个由企业、高校和政府共同投资建立的研究机构，在智能制造核心技术研究和应用上取得了显著成就。

三、产业链共建模式

在广西，规上工业企业正在经历一个转型的阶段，它们借助一系列创新举措，不仅让研发机构迅速增长，还显著提高了科技成果的转化效率。这场变革涵盖了供应链治理体系的全方位升级、产业链生态的全面优化、区域供应链的紧密联动，乃至在全球供应链中地位的提升与安全水平的提高，这些元素共同打造了广西工业企业发展的新动能。广西地区探索适应现代供应链发展的新模式，通过跨部门、跨区域的协作，形成了一套完善的供应链治理体系。这不仅加快了供应链管理现代化的脚步，还推动了供应链前沿技术和先进模式的广泛应用，为提升供应链效率和质量打下了坚实基础。在此基础上，广西通过精准的供应链战略设计和实施，推动了整个产业链的优化升级。尤其是针对重点产业集群，广西采取了一系列"延链""补链""强链""固链"的策略，不仅增强了产业集群的竞争力，还培育出了一批供应链的领军企业，为产业链竞争提供了新的优势。在区域供应链的整合上，广西还致力于提升在全球供应链中的地位，通过优化营商环境、推进跨境电商等新业态模式，加快了国际合作和全球布局的步伐，这不仅提升了广西的国际合作水平，还优化了全球供应链的结构。这些举措和策略，让广西的产业链共建模式不仅成为企业合作共赢、资源共享的典范，也为产业链的高质量发展提供了有力支撑。特别是对于规上工业企业而言，这一模式在推动研发机构数量增长和科技创新中发挥了关键作用。

四、云上研发中心模式

广西规上工业企业在研发机构的建设和升级过程中，可借鉴青岛市在"沃土计划"框架下实施的云上研发中心模式。这一模式的核心在于利用先进的互联网技术和云计算平台，为企业尤其是初创和资源有限的中小型企业提供一个集成、虚拟化的研发环境。这种环境克服了传统研发模式在空间、资金、设备和人才方面的局限，为企业的创新研发活动提供了广阔的空间和强有力的支撑。在具体的实施过程中，广西可以从资源整合和平台构建、政策引导和激励机制，以及案例推广和合作模式探索等方面着手。资源整合和平台构建是基础。这个平台不仅要整合广西内外的科研机构、高等教育机构和企业的资源，还要确保其开放性、数据对接的精准性和资源匹配的高效性，以此为实现企业创新注入强劲动力。政策引导和激励机制则是推动企业积极参与云上研发中心建设的关键。广西可以参考"沃土计划"中的政策体系，制定并实施相应的政策，引导企业注册使用云上研发中心。同时，可以通过资金奖补等激励措施，增加企业的参与积极性，从而鼓励企业开展创新研发活动，尤其是那些创新意愿强但受资源限制的中小企业。

广西可以借鉴山东省青岛市的成功案例，如青岛普瑞森医药科技有限公司和青岛恒信水产有限公司等，展示云上研发中心在促进产品开发、降低研发成本方面的具体效果。此外，还可以探索与高校、科研机构及其他企业等多方合作的模式，形成产学研用紧密结合的创新生态。这种生态不仅有利于资源的优化配置和高效利用，也有助于形成创新思维和创新文化，为企业的长期发展提供源源不断的动力和支持。

五、科技成果转化模式

广西规上工业企业正在经历一场科技成果转化方面的深刻变革，这一变革不仅提高了研发机构的数量和质量，而且显著提升了这些机构的市场化转化效率。2022年的数据和案例为我们提供了一个全面的视角，展现了广西如何通过一系列精心构建和优化的策略和机构，实现科技成果的有效转化，从而推动地区经济的持续发展和产业升级。

广西积极开展高水平创新平台建设，成功组建了首家自治区实验室——广西新能源汽车实验室，并新增了大量的重点实验室、临床医学研究中心、新型研发机构。这些机构不仅增强了广西的科技研发能力，而且通过与企业的紧密合作，有效促进了科技成果的产业化转化。例如，位于梧州市的某中试基地专注于建筑陶瓷产业技术的攻关，通过与国家企业技术中心、国家重点实验室等合作，聚集了优质资源，为产业提供了技术支持和中试服务，取得了显著的经济效益。中试基地的建设和运营不仅加快了科技成果的市场化转化，还为地区产业的发展提供了强有力的支撑。在加速科技成果向生产力转化的过程中，广西积极深化科技成果收益权改革试点工作，主动适应并融入新的发展格局。通过建立自治区级的技术转移示范中心、创立科技成果转化的试点研究基地，以及发展科技企业孵化器等多项策略，广西成功创建了一个科技成果转移转化的服务系统。这一平台为企业提供了一个高效且方便的科技成果转化途径，有效地推动了科技成果在商业领域的应用。同时，广西还积极开展将科技成果带入农村的活动，派遣乡村科技顾问，配置科技服务资金，促进专业人才深入基层，从而支持农业发展和惠及农民。通过"带土移植"计划的实施，广西不仅促进了女性科技人才的发展，还加强了对高水平创新人才、团队以及青年才俊的培养工作。在国际层面，广西吸引了来自加拿大、德国等国的专家，推进了与东盟国家在科技创新方面的合作，建立了中国—东盟在线技术交易平台。

通过以上举措，广西加强了科技成果转化服务体系，促进了科技成果的迅速转化和产业化进程。未来，广西将保持"初期集中、过程协作、成果实现"的发展策略，并增加财政资金支持，目的是优化试点基地的研究设施条件，使产业、教育、研究和应用之间实现更深层次的整合与共进，从而最大化试点基地在科技创新中的贡献。

六、内部管理建设模式

提升新型研发机构的创新效能，离不开自我治理能力和内部管理制度的支撑。即便技术和外部环境较弱，如果具备优秀的组织条件，如高水平的领导和科学的管理方式，也能帮助机构实现高创新效能。在明确目标导向的基础上，建议采用跨机构协同创新组织，以弥补分类管理的局限性。同时，应赋予研究所负责人更大的独立权，以提升机构运作的灵活性和应变能力。项目组负责人宜选择兼具专业知识与市场洞察能力的复合型人才，重视打造包括科研、市场、战略等多领域专家的"资深人才发展群"。在科技与市场结合的同时，还应设置后勤、市场拓展等配合部门，保障科研工作的顺利推进。

第六章

促进广西规上工业企业研发机构大幅增加的相关计划

第一节　实施研发机构覆盖计划

一、分级分类推进

广西的层次性推动计划致力于全面提升地方工业企业的创新力，这是一项全方位的战略。此计划为不同类型和等级的企业在研发机构建设上设定了明确的目标和政策支持措施，确保广西的工业企业，无论是国有大中型企业、民营龙头企业，还是活力充沛的瞪羚企业、高新技术企业以及科技型中小企业，都被全面考虑到。

该计划特别关注对国有大中型企业的推动，这些企业在研发机构建设上得到全方位的政策支持，确保它们在技术创新、产品研发上能与世界先进水平保持同步。广西鼓励这些企业利用自身的研发人员和科研设备，建立自己的研发机构，并通过提供资金、税收优惠等措施，推动企业与国内外著名研发机构合作，加速新技术的引入和创新成果的转化。对于民营龙头企业，该计划着重于发挥它们在地区经济发展中的引领作用，鼓励这些企业以自建或合作方式，快速设立和健全研发机构，建立自治区级甚至国家级的技术创新中心、企业技术中心等创新平台，以增强企业的自主创新能力和市场竞争力。瞪羚企业、高新技术企业和科技型中小企业是科技创新的活力源泉。该计划通过提供专业技术服务、管理指导和政策支持，帮助这些企业应对研发资源的限制，实现资源共享和技术合作。广西鼓励这些企业与行业领军企业、高校以及科研机构进行联合建设,共同为提高创新效率和市场响应速度而努力。此外,对于年营收3亿元以上且尚未建立研发机构的工业企业,该计划提出一系列的激励措施,鼓励企业根据"六有"标准,结合企业自身的需求与特性、行业特点、产业链作业及发展要求,以自建、合作共建、委托建设等多元灵活的方式,进一步扩大研发机构的覆盖范围。对于总部设置在广西以外或在广西已设立研发中心的集团公司,该计划特别推出引导措施,以引导这些集团在广西的子公司建立研发分中心,从而充分利用集团资源,提高地方研发能力,推进区域创新发展。

二、加大对企业自建研发机构的支持

在广西,政府采取了一系列创新措施,旨在全面支持企业自主建立研发机构,以促进科技创新和经济增长。首先,通过实施财政资助和税收优惠政策,显著减轻了企业在研发活动中的经济负担,这包括直接的财政补助和对研发投入的税收减免。其次,为解决企业研发用地需求,地方政府提供土地使用上的优惠措施,如降低土地成本和提供租金补贴,从而降低企业扩建或新建研发设施的门槛。此外,通过一系列人才支持政策,如人才引进补贴、改善居住条件和提供优质教育资源,广西努力吸引和保留关键研发人才,确保企业拥有强大的创新团队。同时,促进企业与高校、研究机构之间的合作,通过共享研发资源如实验室和设备,加快科技创新过程。最后,政府还提供科技成果转化支持,包括政策引导和资金支持,帮助企业将科技成果转化为实际产品和服务，促进研发成果的商业化。这一全方位的支持体系，不仅增强了企业的研发能力，也为广西的科技创新和经济发展提供了强劲动力。

三、推动现有研发机构提档升级

广西正处于工业企业研发能力提升的关键时期，政府和企业共同努力，旨在通过一系列创新策略，显著提高本地企业的研发水平。目标是推动现有的研发机构不仅数量增加，而且质量提升，使研发实力达到市级、国家级水平。其中，鼓励龙头企业带头组建具有独立法人资格的新型研发机构，进而构建面向制造业创新的中心，这将是未来发展的一大趋势。此外，引进全球500强企业和区外的先进研究机构在广西设立高端研发机构也是策略之一，这不仅能提升广西的研发水平，还能增强地区的科技创新能力和竞争力。为了支撑企业研发机构的建设，加速构建技术创新服务支撑平台显得尤为重要，这将为企业提供必要的技术支持和服务，促进科技成果的转化和创新能力的提升。通过这些措施的实施，广西希望能够打造一个充满活力的创新生态系统，其中不仅有强大的龙头企业带动，还有高端的研发机构聚集，以及完善的技术创新服务体系支撑。这一全方位的提升计划旨在为广西乃至全国的经济发展注入新的动力，推动工业企业的持续健康发展。

第二节　实施产学研用合作覆盖计划

一、突出重点区域，推动产学研用合作

在广西，南宁和桂林这两大科教资源丰富的地区，正成为推动科技成果转化和科研合作的前沿阵地。围绕广西大学、广西民族大学、桂林电子科技大学、广西师范大学以及中国电子科技集团公司第三十四研究所等重点高校和科研院所，政府正积极打造两大科技成果转化带。这一战略不仅旨在强化科技成果的落地应用，也致力于将这些知识资源转化为推动地方经济发展的实际动力。依托产学研用合作建设的创新中心不仅是技术研发的高地，也是促进地区产业升级和经济结构优化的关键。同时，广西着力于应用研究和先进制造业的发展，培育出一批具有市场竞争力的独立法人研发机构和科技创新平台，这些平台以其市场化的运作方式，更加贴近产业需求，有效促进了科技成果的快速转化和产业化。通过这样的全方位布局，广西不仅能够有效促进科学研究与经济发展的深度融合，还能够为地方产业提供持续的技术支撑和创新动力。这种紧密的产学研用合作模式，将进一步提升广西在国内乃至国际科技创新领域的影响力，为广西的经济社会发展注入新的活力和动力。

二、加强产业技术创新战略联盟建设

在广西，一场围绕有色金属和食品这两大千亿元级产业的技术创新浪潮正在兴起。通过成立铝及铝加工产业技术创新战略联盟等产业联盟，这场浪潮正汇聚成推动区域经济发展的强大力量。这些联盟不仅是产业技术创新的集结号，而且是企业之间合作共赢、共同进步的平台。通过这些战略联盟，广西的企业群体开始联合起来，共同面对产业发展中的关键技术和共性技术挑战。它们携手开展研究和攻关，共同承接国家重大研发课题，这不仅加快了技术创新的步伐，也使得成果转化为拥有自主知识产权的核心技术成为可能。这些核心技术如同产业发展的"金钥匙"，为重点企业乃至整个优势产业核心竞争力的提升开辟了新路径。通过加强产业技术创新战略联盟的建设，广西正致力于打造一个更加紧密、高效的产业技术创新体系。这一体系不仅促进了技术创新资源的集中和优化配置，还为企业提供了一个技术交流、协同创新的良好环境。在这一环境下，企业可以更容易地分享成功经验、学习先进技术，共同推动产业技术进步。最终，这些努力将为广西区域经济的持续健康发展提供坚实的技术支撑。广西的产业技术创新战略联盟建设，正成为推动地区经济转型升级、实现高质量发展的重要引擎。

三、加强创新平台建设

广西正着手通过充分利用和整合现有的创新资源，激发产业的创新活力和科技进步的潜力。广西鼓励企业、高等院校、科研院所之间紧密合作，以市场需求为导向，采取共同出资或技术入股的方式，联手建设创新基地。这一策略旨在打造一批国家级和自治区级的高水平科技创新平台。广西的目标是到2025年，成功创建2家全国重点实验室，并建设2~3家广西实验室，同时新建超过400家自治区级科技创新平台，使自治区级科技创新平台的总数超过1200家。这些措施将促进平台布局的合理化和创新能力的显著提升，从而发挥创新平台在推动广西经济社会发展中的重要作用。通过这一系列的努力，广西的科技创新体系将更加紧密地对接市场需求，并在促进区域经济转型升级和高质量发展中发挥核心作用。相信通过加强创新平台的建设和优化整合，广西将能够在科技创新的道路上迈出更稳健的步伐。该计划将分阶段实施，每个阶段均有明确的目标、行动步骤和预期成果，以确保创新平台建设的有效性及其对地区经济社会发展的积极影响。

四、加强以项目为纽带的技术合作

广西正积极推动高等院校、科研院所与企业之间的紧密合作。这一合作基于自愿参与、互惠互利和共同发展的原则，通过有效利用经济杠杆，激发产学研结合的新活力，从而促进创新资源、技术成果与资本要素的有效融合。这种以项目为纽带的技术合作模式，不仅促进了科研成果的快速转化和应用，也为企业提供了接触和吸纳先进技术的途径，同时为高校和科研机构的研究成果提供了实际的应用场景和市场验证。这样的合作模式将极大地促进广西的技术创新和产业升级，为经济社会发展注入新的动力,推动广西在新一轮科技革命和产业变革中赢得先机。

五、加大科研人员下基层的力度

为了更好地促进广西重点行业企业的技术创新与发展,将加大科研人员下基层的力度。此策略致力于响应企业,特别是农业生产领域的技术需求,鼓励广西的大学、研究机构和领军企业的科技工作者直接融入企业的技术革新活动。这些科研人员将通过担任技术咨询师或特派代表的角色提供专门支持,既协助企业解决技术问题,也为其提供专业的技术指导、参与项目开发,甚至引领科技创新活动,从而加速科技成果在实际生产中的应用与转化。这种做法不仅有助于强化企业的研发能力,突破生产实践中遇到的技术瓶颈,还能促进科研人员的实践经验积累,形成产学研紧密结合的良好局面。特别是在农村和偏远地区,科研人员下基层可以直接促进当地农业现代化和乡村振兴。

第三节 实施发明专利覆盖计划

一、逐步实现规上企业发明专利全覆盖

为了推动全区规上企业在知识产权方面的产出明显增加及质量显著提升,实现规上企业发明专利全覆盖,各市需深入进行规上企业专

利情况的详细调研，同时筛选出需要"清零"的目标企业。对于这些目标企业，将采取分类服务指导的方法，通过宣传培训、上门辅导、项目培育、金融创新等多种手段，逐步实现发明专利的"清零"目标。这一系列措施旨在激发企业的创新活力，加强知识产权的保护和应用，促进经济高质量发展。通过这样的努力，期望能够大幅提高区内企业的创新能力和竞争力，为建设创新型国家和实现经济社会的持续健康发展提供坚实的支撑。

二、突出重点产业和企业，提升专利质量

广西正专注于通过加强新一代信息技术、新能源、高端装备、新材料、生物技术、绿色环保等战略性新兴产业领域的专利布局，推动高价值发明专利密集型产业的培育。广西鼓励和支持具有专业化、精细化、特色化、新颖性特质的专精特新企业和"小巨人"企业发展，激励这些企业通过核心技术研发攻关以及承接现有专利的转让和许可，显著提高其创新能力。同时，广西也支持具有特色和优势的领军企业增加研发投入，进一步提升其在高价值发明专利布局上的水平。通过这些措施，旨在构建一个以高价值发明专利为核心的创新生态，促进广西战略性新兴产业的快速发展。

三、优化发明专利资助政策

为了进一步激发广西规上工业企业的创新活力，计划优化发明专

利资助政策，特别是强化对高价值发明专利的资助导向。这一政策调整旨在将资助资金主要倾斜于以下几类发明专利：首先是那些授权给战略性新兴产业的发明专利，这些产业是推动区域经济转型升级的关键力量；其次是维持年限超过10年的发明专利，这表明了专利的持久价值和实用性；再次是那些能实现较高质押融资金额的发明专利，这类专利通常具有较高的市场应用价值；最后是获得国家科学技术奖或中国专利奖的发明专利，这类荣誉标志着专利的高度创新性和实用性。

第四节 实施重点制造业覆盖计划

一、充分发挥财政资金的杠杆作用

为推进广西工业的高质量发展，将充分发挥财政资金的杠杆作用，优化多个投资渠道的资金流向。通过这一举措，广西旨在支持工业领域的重点企业集中资源进行联合研发，共同攻克技术难题，提升行业整体的技术创新能力和竞争力。这不仅能够加速技术创新和产品升级，还能够促进广西工业经济的转型升级和高质量发展。通过这些措施的实施，预期能够形成一个良性循环，不仅提升企业自身的创新能力和市场竞争力，也为广西乃至全国的经济发展提供更多的动力和创新成果。

二、帮扶重点制造业企业设立研发机构

为了进一步推动广西制造业企业的创新发展,广西将实施一项全面的计划,旨在帮助年销售收入3000万元以上的制造业企业分批建立市级研发机构。特别是对于石墨烯等高性能新材料领域的制造业企业,广西将进一步推进其设立研发机构,以促进新型材料的应用研究和产业化进程。同时,对于汽车制造、电子信息、机械制造等12个产业领域的重点企业,广西将实施研发机构全覆盖计划,确保每个重点企业都能拥有自己的研发机构,以提升整个行业的创新能力和竞争力。通过这些措施,期望能够激发广西制造业企业的创新潜力,加快产业升级和技术进步,从而为广西乃至全国的经济发展提供更多的动力和创新成果。

三、推动制造业领军型企业研发机构高质量发展

广西正致力于强化制造业领军型企业的研发机构建设,尤其是汽车、机械、新一代信息技术等重点领域的企业,以促进其高质量发展。这一战略旨在支持这些企业研发机构在攻克关键核心技术、开展高端新产品研发方面取得实质性进展。通过这种方式,广西希望不仅推动产业升级,而且促进区域经济整体竞争力提升。这样的发展路径也有助于中小企业自身的成长和壮大,并能为广西制造业的整体生态带来新的活力和创新源泉。通过这种双轨并进的策略,期待在广西制造业

中既有强大的领军企业带动,也有充满活力的中小企业支撑,共同构建起一个多层次、高质量发展的产业生态。这不仅将促进广西制造业在关键技术和新产品研发上取得突破,也将为广西经济的持续健康发展提供坚实的支撑。

四、鼓励高端人才向制造业集聚

广西正通过创新举措激发制造业技能人才的培养活力,力图成为高端技能人才培养的重要基地。通过倡导劳模、劳动和工匠精神,旨在提高高技能人才的社会认可度和报酬,吸引更多优秀人才投身制造业。特别是将高端制造企业作为人才吸引的关键,计划每年吸纳200名顶尖研发人员,同时实行"产业菁英"人才培育计划,加强对研发人才的奖励和支持,扩大奖励范围并调整奖金额度。对合格的企业研发团队成员,将根据其贡献进行奖励,激发其创新激情。这些努力旨在实现产业与人才的协同发展,确保制造业人才建设与产业发展同步进行。这将不仅推动广西制造业的高质量成长,也为地区经济的持续健康发展提供坚实的人才和创新支撑。

五、发挥制造业重点企业在人才引育方面的示范带动作用

广西正致力于通过提供精准支持,发挥制造业重点企业在人才引育方面的示范带动作用。广西鼓励并支持这些企业举荐高层次人才,确保他们能享受到高层次人才政策的待遇。为了更有效地吸引和留住

顶尖人才，广西正在探索实施差异化的人才政策，这意味着根据制造业重点企业对广西经济社会发展的贡献，适当放宽人才政策的条件、提高补贴水平，并优化资金的发放方式。计划在广西的主要产业平台、关键工业园区及核心制造企业中推行"政府＋园区＋企业"模式的人才服务体系。该体系的目标是提供定制化服务，尤其是在申请人才政策、申报项目等环节，确保人才政策得到有效实施。此外，将在先进制造业领域启动"双引双招"战略，同步进行投资招引和人才吸引，为行业内的杰出人才和领军人物实施"一案一议"政策，并为其在广西的项目实施提供快速通道。这些举措的目的在于促进顶尖制造业人才及其项目的快速发展，进而增强广西制造业的竞争力，促进经济的高品质增长。

第五节　突出重点，实施分类推进计划

一、提升行业龙头企业研发机构的实力

在广西的产业发展中，行业龙头企业的研发机构起着至关重要的作用。遵循国家和自治区关于建设新型研发机构的政策指导，广西致力于支持这些龙头和冠军企业建立新型研发机构，以全面提升其研发实力。特别是对于那些年销售额达到百亿元级别的企业，广西将采取一系列政策组合，如支持项目申报、提供研发补助、发放科技创新券等，以促使它们在产业链的高端环节进行科技攻关，并掌握关键核心

技术。广西不仅鼓励这些企业加快提升产业体系的自主可控能力，还推动机械、有色等行业的独角兽和重点企业积极开展研发创新。政府将发挥其引导作用，努力打破技术壁垒，促进产业创新共享。此外，广西还将支持龙头企业建立产业联合创新中心，通过对创新成果实施有偿转让的方式，既保障龙头企业研发机构的利益，又促进中小企业的快速发展，从而推动整个产业链的进步。广西还鼓励企业自建内部研发机构，充分利用龙头企业的大平台优势，加速高校、科研院所等创新人才的集聚，为产学研用联合创新提供强有力的智力支持。这样的战略布局不仅将推动广西的行业龙头企业在科技创新上取得新的突破，也将为区域经济的持续健康发展注入强劲动力。

二、推进科技型中小企业的研发创新

广西通过全面支持与激励的策略，促进科技型中小企业的研发活动和科技创新。首先，对于那些已经建立了研发机构的中小企业，广西将加大研发扶持力度，确保它们能够持续进行技术创新和产品升级。同时，对于尚未建立研发机构的中小企业，广西将积极协助它们克服建设过程中的各种困难，从人员、场地、资金、设备等各方面提供支持，以帮助它们尽快建立起自己的研发机构。此外，广西鼓励这些企业与广西内的高等院校、科研院所以及行业龙头企业的研发机构建立紧密的合作关系，通过产学研联合技术攻关，加速科技成果的转化和应用，提高企业的核心竞争力。为了进一步激发科技型中小企业的创新活力，广西将落实激励科技创新的税收优惠政策，并通过提供科技创新券等方式，推动各项优惠措施切实落地实施。同时，广西将探索实现科技创新券跨区域通用通兑，以便更多的企业能够便捷地享受到政策带来的实际好处，从而在广西乃至更广范围内形成一个互助共赢、创新驱动的良好生态环境。

三、促进简单加工类企业的发展与转型

针对目前无研发人员和研发需求、仅从事简单加工类业务的企业，广西将采取一系列策略促进其发展与转型。首先，通过政策扶持和资金支持，广西鼓励这些企业扩大生产规模，引导它们关注行业发展趋势，借鉴和学习行业内先进企业的成功经验。这包括引进先进生产设备和技术，提升自动化和智能化生产能力，从而有效提高生产效率和产品质量。其次，广西将积极引导这些企业认识到研发活动对企业长远发展的重要性，激发它们对科技创新的需求。通过组织参观学习、技术交流、研发合作等活动，使企业了解研发在提升企业核心竞争力、开拓市场、增强可持续发展能力中的作用。同时，政府将提供专门的服务和指导，帮助这些企业在未来筹划和建立自己的研发机构。这包括在研发政策咨询、研发项目规划指导、研发人才培训等多方面提供支持，确保企业在准备充分的情况下，能够顺利建立和运行研发机构。

第六节　实施研发人才引育计划

一、培育引进更多高端研发人才

为了推动广西规上工业企业研发机构的大幅增加，特别是培育和引进更多高端研发人才，自治区采取了一系列创新和超常规的人才政策。这些政策整合了现有的人才激励措施，通过提供大力支持，吸引那些对产业发展和产业龙头企业创新有实质性帮助的顶尖人才。广西通过实施一体化的高层次人才培育体系，确保从青年才俊到资深专家都能在广西找到成长和发展的空间。同时，广西还创新推出了六大重点人才项目，涵盖了杰出人才、八桂学者、特聘专家、八桂青年拔尖人才等多个层面，旨在围绕自然科学、工程技术、科技创新等关键领域培养和吸引研发人才。

二、鼓励企业参与研发人才培育

为了推动广西规上工业企业在研发人才培育方面积极参与和深度融合，自治区政府采取了一系列鼓励和支持措施。首先，鼓励这些企业基于自身业务需求和未来发展预判，建立长期、实用的人才发展战略，培养适应新时代特征和需求的制造业技能人才。为此，企业与职业院校的合作被提上日程，同时加速新型技能人才的培养和技能认定标准的建立，通过搭建多元化平台，从多维度对青年技能和研发人才进行培育。其次，政府支持有条件的企业与高校及科研院所共同建立研究生培养基地，这不仅为学生提供了实习和实训的机会，还有助于培养他们的实践和创新能力。这一措施的实施，将进一步加强人才培养与企业实际需求的紧密结合，确保培养出的人才既有理论基础又具备实际操作能力，能够快速适应企业和市场的变化。这种产教融合、校企合作的人才培养模式，将大大提升广西规上工业企业的创新能力和核心竞争力，为广西的工业发展注入新的动力和活力。

三、强化对人才研发平台的扶持

为了促进广西人才研发平台的发展，特别是针对高新技术企业和科技型中小企业，广西正加大博士及博士后科研创新平台的扶持力度。这项措施旨在紧密围绕广西的重点产业和企业研发需求，通过定期收集博士、博士后人才及项目需求，有效加速青年创新研发人才的培养和储备。此举不仅会加强现有高校和科研院所研发平台及载体资源的利用，还将结合当地产业发展的实际需求，积极推动人才引进等重要工作。通过这一系列措施，政府希望能有效激发广西地区的创新活力，促进经济高质量发展，同时为地方经济社会发展提供坚实的人才支撑和技术保障。

四、优化研发人才发展环境

广西正通过一系列创新措施,优化研发人才发展环境,旨在降低对高层次人才的硬性标准,转而更加注重科技项目的实际运营情况和科技成果的转化效果,从而摒弃过度依赖学历、资历和职称的传统观念。为了实现这一目标,广西针对引进高层次研发团队出台了区别性政策,特别是对能够显著推动产业发展的团队实行"一事一议",在人才引进、评估等方面建立了标准体系、流程和制度。为了更好地应对企业对人才的需求,广西将创建一个企业研发人才需求数据库,把企业对人才的需求集成到大数据系统中进行管理,确保能实时了解企业的人力资源需求和人才短缺情况。借助现有的人力资源服务机构,广西将能够迅速且精准地向企业提供其所需要的人才支持服务。政府还鼓励企业给予人才更大的激励支持,鼓励企业根据自身状况选择奖金、补贴等短期激励措施或实施年薪、股票等长期激励方案,以增强研发人才的责任感、荣誉感和归属感,从而使企业留住关键研发人才,为广西的科技创新和经济发展提供坚实的人才支撑。

第七章
广西规上工业企业研发机构大幅增加的保障措施

第七章　广西规上工业企业研发机构大幅增加的保障措施

第一节　综合保障与协调推进措施

本部分专注于介绍促进广西规上工业企业研发机构大幅增加的综合保障与协调推进措施，确保通过系统化的组织协调、全面的统筹实施、有效的宣传指导和严格的督查激励，为广西规上工业企业研发机构的建设提供坚实的保障和支持。该部分提出打造一个协调一致、高效运行的保障体系，通过多部门协同、多层次参与，全面推动广西工业企业研发能力的持续增强和科技创新的深入发展。

一、强化组织协调

为推动广西规上工业企业研发机构大幅增加，市、县（区）两级政府将成立专门的推进协调小组和机构，完善各部门间的配合协调机制，确保政策的有效实施与监督。此外，政府将鼓励企业与高等院校、科研院所携手共建研发机构，进一步推进产学研深度合作。通过构建校企联盟，共同搭建面向广西战略性新兴产业的共性技术创新平台，旨在显著提高研发水平和创新能力。同时，利用广西面向东盟的区位优势，政府将支持企业吸引和培养更多的高层次创新人才，促进高校与企业之间的人才互动交流。这一策略旨在为企业研发机构的建设和发展提供充足的人才保障和智力支持，确保广西工业企业在科技创新和产业升级方面取得实质性进展，从而促进广西经济的高质量发展。

二、强化统筹实施

为推进广西规上工业企业研发机构全覆盖，广西实施了一系列综合措施以加强统筹。首先，工信部门及各市工业特派员将积极协助规上工业企业建立研发机构、增加研发投入并开展研发活动，并将这些活动纳入广西工业振兴的核心任务之中。其次，通过设立专项资金支持企业建设各类研发机构和开展技术创新，鼓励研发机构参与重大研发项目，引导企业增加自身投入。此外，将大力发展科技金融，鼓励私募资金等社会资本投资企业成果转化。同时，超常规加大财政科技投入，特别是在新型研发机构建设方面，对新引进或共建的新型研发机构提供最高每年100万元的财政补助，连续补助三年。最后，通过广西科技成果转移转化综合服务平台等，持续优化科技成果转化市场体系，组织企业参与科技成果转化活动。这一系列措施旨在构建全面、多元化的支持体系，促进广西规上工业企业研发机构的大幅增加及科技成果的有效转化，为广西经济发展注入新的活力。

三、强化宣传指导

在推动广西规上工业企业设立研发机构的过程中，广泛宣传的作用至关重要。广西将通过多样化的宣传方式和渠道，深入介绍设立研发机构的重要性及政府提供的各种优惠政策，以此激发企业的创新意识和积极性。借助示范企业的成功案例，广西旨在展示技术创新带来的实际效益，鼓励更多企业效仿。同时，广西还将大力倡导创新文化，通过实施一系列税收优惠政策，如研发费用加计扣除、高新技术企业所得税减免、研发机构设备购置税收优惠等，引导企业从重视规模扩张转向依靠技术创新驱动发展。另外，广西还将增强各级政府对于研发机构建设重要性的认识，激励地方政府通过财政资助、税收减免和土地审批等措施向企业提供更多援助，加强对知识产权的保护，并建立健全知识产权法律援助系统，以此全方位促进企业积极建设和优化研发机构。对于那些已设立研发机构的企业，将在高新技术企业认证、财务支持、科研人员职称评审和资质确认等方面优先提供支持，以促进广西工业企业依托技术创新实现高品质增长。

四、强化督查激励

在推动广西规上工业企业设立研发机构的过程中，强化督查激励发挥着关键作用。为此，广西实施了多项措施，其中包括把企业研发机构的建设列为各市科技发展评估的核心因素，并重点对研发机构的数量、管理效率及运作品质等主要指标进行评价。通过实施穿透式考核，广西确保了责任的具体化，将指标任务明确分配至责任单位和具体责任人，从而加大了督查考核的力度。此外，各县区和开发区被要求增强责任感，明确目标任务，并细化工作责任，确保研发投入任务的有效落实。这不仅支持了全区规上工业企业研发机构的建设，也为广西工业的高质量发展提供了有力支撑。这些措施共同构成了一个全面、有效的督查和激励体系，确保了广西规上工业企业研发机构建设目标的顺利实现。

第二节　构建完善的实施保障体系

一、构建科技创新政策制度体系

在推进广西规上工业企业研发机构大幅增加的保障措施体系中，科技创新政策制度体系是企业创新转型的关键支撑，可以为企业科技创新提供战略引领和规范指导。为此，需要相关部门构建科技创新政策制度体系，强化监管机制，加快科技创新领域的立法，增强创新治理能力，建立科技成果的确权、开放、流通、交易机制。这包括寻找与科技创新发展相匹配的管理方法，制定更为灵活高效的政策，并创新治理模式。明确监管部门的职责，加强不同部门间、层级间和区域间的协作监管，统一监管标准和规则，确保分工合作与协调一致，实现职责明确、责任到人。广西正加速构建一个全面、多级、立体的监管体系，以覆盖监管的全链条和全领域，并完善了协作和咨询机制。通过建立基于大数据、人工智能、区块链等现代技术的统计监测和决策分析体系，提高了科技创新治理的准确性、协调性和效率，推动了风险应急响应和处理流程的完善，增强了重大问题分析能力和风险预警能力，提高了系统性风险的防范能力。同时，广西正在完善多元共治的新框架，加快完善市场准入和公平竞争审查机制，确保科技创新领域的公平竞争，防止行政权力的滥用。广西明确了作为创新主体的企业的责任，推动了行业服务标准建设和行业自律，保障了科技工作者和消费者的合法权益。

二、完善企业研发文化保障体系

在广西，规上工业企业的研发机构正在经历一场深刻的转型，这不仅是技术层面的升级，更是企业文化的全面重塑。政府在这一过程中扮演着至关重要的角色，致力于构建一个全面、坚实的保障措施体系，确保企业文化紧跟数字化时代的步伐。这样的转型并非一蹴而就，而是需要通过政府的精心设计和引导，将问题导向和目标导向相结合，打造一个"效率优先、持续迭代、互联共享"的数字化思维环境。一是引导企业文化外化。政府将引导企业文化外化，鼓励企业与外界，包括客户和合作伙伴，进行更广泛的交流与合作，重视从市场和用户需求中汲取灵感。这一措施旨在帮助企业拓宽创新视野，更好地贴近市场和用户的真实需求，从而促进产品开发和客户体验的持续改进。二是内部文化的转型。政府将促进企业文化从严格控制向更多的委托和信任转变，鼓励企业培育一种尊重员工判断和决策的环境。这种文化转型不仅能激发员工的主动性和创造力，还能使企业决策更加贴近实际，增强企业的应变能力和竞争力。三是合作精神与灵活规划。政府特别强调企业文化变革中的合作精神，提倡跨部门、跨单位、跨职能的集体合作和信息共享，以适应数字化工作的迭代和快节奏。同时，鼓励企业采取灵活的规划和决策方式，强调快速行动和迭代的重要性，以快速响应市场变化，并持续优化产品和服务。此外，政府鼓励企业培养冒险精神，支持企业在稳定的基础上大胆尝试新事物，快速学习和成长，从而推动企业不断创新和发展。

三、完善技术人才培养保障体系

广西规上工业企业研发机构的建设和提升已成为推动地区工业升级和技术创新的重要任务。此过程不仅需要先进的技术设备和充足的资金支持，而且离不开专业技术人才的培养和引进。因此，政府致力于完善技术人才培养保障体系，确保技术创新和企业发展能得到高质量人才的支持。广西积极探索并实施新的技术职务体系，包括建立一个"能上能下"的竞争激励机制和全面的技术人员培训体系，涵盖培训流程、内容、方式、时间及评估等各个方面。此外，政府应该根据企业的实际发展需求合理设置并调整专业结构，确保人才培养的科学性和前瞻性。在制度建设方面，政府应按照人力资源社会保障部的政策指导，加强高技能与专业技术人才的职业发展贯通，不断完善专业技术人才的评价、使用、流动和激励机制，以提升技术人才队伍的整体素质和效能，全面优化人才培养结构。

四、完善资金保障体系

在构建广西规上工业企业研发机构的资金保障体系时，强调了资金管理的全面性和精确性对企业发展的重要性。政府在构筑这一体系时，不仅注重资金的流动和监管，还着眼于使资金的使用更加科学、高效。广西通过建立全面的资金投入预算系统，确保资金的有序流通和精准分配，并连接企业的财务系统、管理系统与业务系统，保障资金链的完整性和企业运行的平稳。广西设立专项资金管理制度，强化资金使用的监管，确保资金的安全性和有效性。通过建立资金监管机制，能够对项目资金的到位情况、项目运作质量以及成本控制进行实时监控，确保项目管理的科学性和决策的精确性，促进资金有效流动，为项目推进提供有力支持。通过建立这一整套资金保障体系，为企业的研发活动提供了强有力的资金支持，从而为广西规上工业企业研发机构的建设和发展打下了坚实基础。广西通过该体系促进资金的有效流动和利用，保障研发项目的顺利进行，从而为企业的创新发展注入强劲动力。

第三节 实施保障措施面临的挑战

一、顶层设计与战略定位方面

新型研发机构作为科技创新和技术转移的重要平台，对于促进经济转型升级有着不可替代的作用。然而，在广西地区，这些机构面临着法律保障不足和顶层设计缺失的问题，这对其高质量发展构成了实质性的制约。首先，缺乏法律保障意味着这些机构在运营和发展过程中，可能会遇到政策不连续、法规不明确、权责不清晰等问题。这不仅限制了这些机构的发展潜力，也使得这些机构在合作过程中面临法律风险和操作障碍，难以获得稳定的发展环境。其次，顶层设计的缺失直接影响了新型研发机构的战略定位和功能实现。由于缺乏明确的法人属性界定和功能定位，这些机构往往在定位上存在模糊不清的问题，不仅难以发挥其应有的创新引领作用，还可能导致资源的错配和浪费。例如，一些研发机构可能会过度集中于基础研发领域，忽视了与产业紧密结合的应用研发和技术转移，或者在没有充分考虑市场需求和产业特性的情况下，盲目开展研发项目。此外，政策支持的不明确进一步加剧了这些问题。在政策支持方面，由于缺乏针对性和持续性，研发机构往往难以从政府部门获得稳定和连续的支持，如资金支持、税收优惠、人才引进等。这不仅影响了研发机构的正常运行和科研投入，也削弱了研发机构对于高层次人才和关键技术的吸引力。

二、协同治理和监管机制实施方面

协同治理和监管机制是科技创新政策制度体系的关键组成部分，旨在通过跨部门、跨层级、跨区域的协作，形成一个高效、透明、公正的监管环境。然而，这一目标在实际操作中面临诸多挑战。首先，部门之间的利益冲突和责任划分不明确可能导致监管机制执行不力。各部门或许因为保护自身利益而在信息共享、资源分配等方面产生摩擦，影响整体政策的协同推进。其次，跨层级的沟通不畅也是一个重要问题。不同层级的政府部门在目标设定、资源配置、政策执行等方面可能存在差异，缺乏有效的沟通机制会导致政策落实的不一致性。最后，跨区域协同监管的实施难度较大。由于区域间的发展不平衡，政策理解和执行标准可能存在较大差异，加之地域间的协调难度，使得统一的监管策略难以有效实施。

三、科技创新治理能力方面

科技创新治理能力的提升是推动科技政策有效落地的重要保障。当前，尽管广西提出要利用大数据、人工智能等新技术提升治理能力，但在实施过程中面临技术能力和人才储备不足的问题。许多部门尚未完全掌握这些新技术的实际应用方法，缺乏对大数据分析、人工智能决策等前沿技术内容的深入理解和实践经验。此外，技术应用与实际需求之间存在脱节现象，部分技术解决方案未能准确对接政府的实际工作需求，导致资源投入和实际效益之间存在较大的差距。同时，技术更新迅速，政府部门在技术跟进和应用上也面临着较大的压力。

四、多元共治新格局构建方面

构建多元共治新格局是实现科技创新政策制度体系有效运行的重要环节。这一过程要求政府、企业、科研机构、行业组织等多方参与，共同推动公平竞争监管制度的完善和市场准入制度的健全。然而，实际操作中存在的挑战不容忽视。首先，政策执行力度可能不够，导致制度在实际运行中难以发挥预期作用。其次，监管体系可能尚未健全，特别是在新兴科技领域，监管框架的缺乏使得政策难以覆盖所有相关领域和问题。最后，行业自律机制的缺乏也是一个重要问题。没有有效的行业自律，单靠政府的监管力量难以实现全面覆盖，容易导致监管的盲区和漏洞。

第四节　新型研发机构提质增效的对策

一、顶层设计与战略定位方面的对策

为应对新型研发机构在顶层设计与战略定位上的挑战，政府必须采取一系列综合性措施。首先，政府应通过立法和政策制定，明确新型研发机构的法人属性，赋予其坚实的法律地位，保障其合法权利。这将为机构在合作、融资和业务拓展等方面提供更大的灵活性和安全性。其次，政府需要精准定位这些机构在国家和地方创新体系中的角色，明确其在技术研发、成果转化、产业孵化等方面的职能，避免资源错配和浪费。最后，政府应构建一个针对性和持续性强的政策支持体系，确保新型研发机构能获得稳定的资金支持、税收优惠和人才引进等政策利好，从而打造一个有利于创新和高质量发展的环境。这样的综合措施将有助于克服现有的法律保障不足和顶层设计缺失的问题，为新型研发机构的高质量发展提供坚实的保障。

二、协同治理和监管机制实施方面的对策

为了解决协同治理和监管机制实施困难的问题，政府应当采取多维度、全方位的策略，确保政策制定和执行的高效性和公平性。首先，政府需要强化部门间的沟通和协调，确保政策的制定和执行不受部门

利益的影响。这意味着建立一个高效的信息共享系统，使得相关部门能够即时获取到其他部门的数据和信息，从而做出更加准确和合理的决策。同时，这也要求政府部门之间建立一个清晰的权责界定机制，确保每个部门都明确自己的职责范围，避免职责交叉或遗漏。其次，政府应建立跨层级、跨区域的沟通平台，促进不同级别、不同地区政府部门之间的紧密合作。这样的平台不仅能够确保政策的统一执行，还能够根据地区的具体情况和需求进行政策的微调和优化，确保政策能够更好地服务于当地的发展。例如，政府可以通过定期召开跨区域协调会议、建立联席工作机制等方式，提高不同区域之间的沟通效率。最后，提高政策的灵活性和适应性也至关重要。政府应该根据不同地区和部门的实际情况，制定具有针对性的监管策略和措施。这意味着政府需要对各个地区和部门的具体情况有深入的了解，能够根据实际情况灵活调整政策，确保政策的实施真正达到预期的效果。同时，这也要求政府能够持续跟踪政策的执行情况，及时调整和优化政策，确保政策的持续有效性。

三、科技创新治理能力方面的对策

为了有效提升科技创新治理能力，政府需采取综合性措施，推动新技术的有效应用，全面提高治理效能。首先，政府应重视对新技术的投入和人才的培养，这不仅包括财政资金的投入，也涵盖人才培养计划和技术研发项目的支持。政府可以设立专门的科技创新基金，支持关键技术的研究和应用。同时，通过与高校、研究机构的合作，建立人才培养和技术转化的双向通道，为政府部门和企业培养一批掌握大数据、人工智能等前沿技术的专业人才。其次，政府需建立科技创新治理的综合决策分析体系，通过整合数据资源、优化分析模型，提升政策制定和执行的精准性、预测性和反应速度。这包括建立跨部门的数据共享机制、完善的数据分析平台，以及科学的决策支持系统。同时，加强政府决策人员对数据分析结果的理解和应用能力，确保数据驱动下的决策更加科学合理。最后，完善风险应急响应处置流程和机制是提升科技创新治理能力的重要一环。政府需要建立一个全面的风险评估和预警系统，加强对各种潜在风险的监测和分析。这包括对科技创新过程中可能出现的技术风险、市场风险、法律风险等进行全面评估，及时发现问题并采取措施进行应对。同时，建立科技创新项目的风险管理框架，确保项目实施过程中的各项决策能够充分考虑风险因素，提高项目成功率和稳定性。加强对重大问题的研判和风险预警是确保科技创新安全和高效的关键。政府需建立一个动态的、实时的风险预警和应急响应机制，确保在面对突发事件时能够快速做出反应，并采取有效措施降低损失。通过建立跨部门、跨地区的协作机制，形成统一高效的应急响应体系，不仅能提高应对突发事件的能力，也能强化政府在科技创新治理中的主导地位。

四、多元共治新格局构建方面的对策

为构建多元共治新格局，首先，政府需加大政策的执行力度，确保制度在实际运行中能够发挥预期效果。这包括通过政策制定和严格执行，形成一套完备、明确、可操作的政策执行机制。同时，针对不同地区和部门的实际情况，制定具有针对性的监管策略和措施，确保政策执行的统一性和有效性。其次，政府需要加快完善监管体系，尤其是在新兴科技领域。随着科技的快速发展，新兴科技领域的监管框架需不断更新和完善，以适应新技术、新业务的发展需要。这包括建立一个全面、细致的监管框架，覆盖所有相关领域和问题。此外，监管体系应具备足够的灵活性和适应性，能够及时响应市场变化，调整和优化监管策略。最后，推动行业自律是构建多元共治新格局的重要环节。政府应鼓励企业、科研机构、行业组织等各方主体参与监管，共同推动公平竞争监管制度的完善和市场准入制度的健全。这不仅包括提供法律和政策框架，还包括激励和引导企业等各方主体自我监管、自我完善。同时，政府应强化行业组织的作用，促进行业内的信息共享、资源整合和协作联动，形成有效的行业自律机制。此外，建立严格的市场准入和退出机制，确保市场主体在公平的环境中竞争，以及建立有效的监管和惩戒机制，对违反市场规则的行为进行严厉打击。同时，政府应强化对科技工作者和消费者合法权益的保护，建立健全知识产权保护制度和消费者权益保护制度，为科技创新和市场发展提供良好的环境。

参考文献

[1] Beck M, Lopes-Bento C, Schenker-Wicki A. Radical or incremental: where does R&D policy hit? [J]. Research Policy, 2016(4): 869-883.

[2] Cao H J, Zhang J Y, Luo N S, et al. Industrial sustainable development level in China and its influencing factors [J]. Proceedings of Rijeka Faculty of Economics: Journal of Economics and Business, 2015(2): 181-205.

[3] Choi Y J, Jeong J. Testing for the ratchet effect in the R&D tax credit [J]. International Economic Journal, 2015(2): 327-342.

[4] Chun D. Growth and development: a Schumpeterian approach [J]. Annals of Economics & Finance, 2015(5): 121-128.

[5] Dodgson M, Gann D, Salter A. The role of technology in the shift towards open innovation: the case of Procter & Gamble [J]. R&D Management, 2006(3): 333-346.

[6] Gayle P G. Market concentration and innovation: new empirical evidence on the Schumpeterian hypothesis [J]. Discussion Papers in Economics,

Working Paper No. 1-14, Center for Economic Analysis, University of Colorado, 2001.

[7] Graves S B.Institutional ownership and corporate R&D in the computer industry[J].Academy of Management Journal, 1998(2): 417-428.

[8] Gurmu S, Pérez-Sebastián F.Patents, R&D and lag effects: evidence from flexible methods for count panel data on manufacturing firms[J]. Empirical Economics, 2008(3): 507-526.

[9] Hagedoorn J, Wang N. Is there complementarity or substitutability between internal and external R&D strategies?[J]. Research Policy, 2012(6): 1072-1083.

[10] Hashimoto A.Measuring the change in R&D effeciency of Japanese pharmaceutical industry[J].Research Policy, 2008, 37: 1829-1836.

[11] Hwang L, Wang E C.The effectiveness of export, FDI and R&D on total factor productivity growth: the cases of China's Taiwan and Korea [J].Journal of International Economic Studies, 2012, 26: 93-108.

[12] Mol M J. Does being R&D intensive still discourage outsourcing? Evidence from Dutch manufacturing[J].Research Policy, 2005(4): 571-582.

[13] Ramanathan R.Evaluating the comparative performance of countries of the Middle East and North Africa: a DEA application[J]. Socio-Economic Planning Science, 2006(2): 156-167.

[14] Ray A S, Bhaduri S. R&D and technological learning in Indian

industry: econometric estimation of the research production function [J].Oxford Development Studies, 2001 (2): 155-171.

[15] Salimi N, Rezaei J.Evaluating firms' R&D performance using best worst method [J]. Evaluation & Program Planning, 2018, 66: 147-155.

[16] Schwab T, Todtenhaupt M. Thinking outside the box: the cross-border effect of tax cuts on R&D [J]. Journal of Public Economics, 2021, 204: 104536.

[17] Tsang E W K, Yip P S L, Toh M H.The impact of R&D on value added for domestic and foreign firms in a newly industrialized economy [J]. International Business Review, 2008 (4): 423-441.

[18] Walwyn D.Finland and the mobile phone industry: a case study of the return on investment from 39 government-funded research and development[J]. Technovation, 2007 (6): 335-341.

[19] Wu Y, Popp D, Bretschneider S. The effects of innovation policies on business R&D: a cross-national empirical study [J]. Economics of Innovation and New Technology, 2007 (4): 237-253.

[20] Yoon J W. Comparison of the effect of technology policies on firms R&D: evidence from the Korean manufacturing sectors [J].International Review of Public Administration, 2006 (1): 59-69.

[21] Zou W J, Xue J, Cai P H. Spatial differences and variation trends of the development of the R&D industry in China—An empirical principal component analysis[J].Journal of Statistics and Management Systems, 2015 (6): 533-545.

[22] 李荣平，王思颖.区域工业企业R&D投入产出绩效的DEA评价及分析[J].河北工业科技，2017（4）：233-238.

[23] 刘彬斌.工业企业技术创新效率研究[J].现代商贸工业，2016（21）：6-7.

[24] 刘用，张定新，潘峰.山东规模以上工业企业R&D投入绩效研究——基于第四次经济普查资料[J].山东工业技术，2020（4）：3-24.

[25] 唐青青，陆桂军，董婷梅，等，广西新型研发机构创新发展现状及建议[J].安徽科技，2021（5）：26-29.

[26] 唐澍，潘家新，李莲靖，等，广西规模以上工业企业研发投入现状、问题与对策[J].企业科技与发展，2022（3）：1-4.

[27] 熊曦，窦超，关忠诚，等.基于R&D经费筹集来源的工业企业技术创新效率评价[J].科技进步与对策，2019（3）：130-137.

[28] 杨琦.甘肃省R&D资源与工业企业创新的关系——基于灰色关联度分析[J].甘肃科技，2020（3）：43-45.

[29] 于明洁，郭鹏.基于典型相关分析的区域创新系统投入与产出关系研究[J].科学学与科学技术管理，2012（6）：85-91.